新型职业农民培育教材

绿色有机茶叶生产实用技术

丛书编委会成员名单

本书编写成员名单

主　　编　杨普香　吴登飞　叶德胜
编写人员（以姓氏笔画为序）
王　璠　叶　川　李文金　李道和　孙永明　江新凤
杨普香　张　昆　吴东生　金玲莉　聂樟清　涂　娟
曹挥华

江西科学技术出版社

图书在版编目(CIP)数据

绿色有机茶叶生产实用技术 / 杨普香, 吴登飞, 叶德胜主编.
—南昌：江西科学技术出版社, 2015.2
ISBN 978-7-5390-5247-2
Ⅰ. ①绿… Ⅱ. ①杨…②吴…③叶… Ⅲ. ①茶叶—栽培技术—无污染技术 ②制茶工艺—无污染技术 Ⅳ. ①S571.1②TS272.4
中国版本图书馆CIP数据核字（2015）第033510号

国际互联网（Internet）地址：
http://www.jxkjcbs.com
选题序号：**ZK**2015010
图书代码：**B**15007-101

绿色有机茶叶生产实用技术　杨普香，吴登飞，叶德胜　主编

出版发行　江西科学技术出版社
社址　南昌市蓼洲街2号附1号
邮编：330009　电话：(0791)86623491　86639342(传真)
印刷　江西千叶彩印有限公司
经销　各地新华书店
开本　787 mm × 1092 mm　1/16
字数　260 千字
黑白印张　14.75　**彩色印张**　0.5
版次　2015年2月第1版　2016年4月第2次印刷
书号　ISBN 978-7-5390-5247-2
定价　35.00元

赣版权登字-03-2015-13

内容摘要

本书由江西省茶叶产业技术体系组织专家团队编写，包括引言、茶树生长发育的环境条件及优质高产、绿色有机茶园建设与管理、绿色有机茶园土肥管理技术、绿色有机茶园病虫害防治技术、绿色有机茶叶加工技术、茶叶产品认证与质量管理体系、茶叶市场营销共8章。内容全面，有针对性，技术操作性强，适合农技推广人员、企业技术人员和广大茶农阅读。

序

绿色食品、有机食品经过二十多年的发展历程，已具备一定的发展规模和较高的知名度、影响力，成为我国安全优质农产品的主导品牌，在中国，绿色有机食品产业已经成为一支新兴的产业。当前我国农业现代化与工业化、城镇化、信息化同步推进的势头方兴未艾，农产品质量安全工作任重道远，绿色有机食品面临前所未有的发展机遇。绿色有机食品能切实保障食品安全和人类健康，并符合我国建设环境友好型和资源节约型社会的总体要求，中央也做出了“支持发展有机农业”的重大决策，近几年的中央一号文件都提出要积极发展有机农业。为此，在新的形势下，需要在新型农业经营主体中植入绿色食品“优质高产与资源节约”的生态理念，稳步推进有机产业持续健康发展，提升农产品质量安全水平，促进农业增效、农民增收，不断提升产业发展水平。

江西生态环境优越，气候暖湿，光照充足，雨量充沛，无霜期长，土壤肥沃，境内水与空气洁净度为中部六省第一，森林覆盖率达到 63.1%，保持良好生态环境的山野间蕴藏着丰富的绿色宝藏，生物种类繁多，特色资源种类丰富，良好的区位、生态和资源优势为发展绿色和有机农业提供了条件，开发绿色和有机食品，适合江西省情。在省委省政府的高度重视和正确领导下，江西省的绿色和有机食品发展呈现良好态势，绿色和有机食品正成为走“生态立省、绿色崛起”之路、建设鄱阳湖生态经济区的重要载体。

“茶之为饮，发乎神农”。茶叶起源于我国，是我省传统的优势农产品，也是茶农增收、农业创汇的重要来源之一。经济、社会的快速发展，人民生活水平的不断改善，对茶产业提出了新的要求，茶叶生产已由数量扩张型转为质量效益型。“转型”要求用新理论、新观点和新方法来指导。世界有机茶最早于1983年在斯里兰卡开始生产，随后印度等国家也相继出现了有机茶园和有机茶生产。1990年浙江省临安县生产出我国第一批有机茶并出口荷兰，开创了中国有机食品出口的先河。作为中国发展最好的有机产品之一的有机茶，以其绿色安全和诸多营养保健功能受到越来越多消费者的认可。

“唐载茶经，宋称绝品，明清入贡”，既是对江西产茶历史、茶叶品质的肯定，也是对源远流长的赣鄱茶文化的认定。江西地处全国绿茶金三角产区，自然生态条件得天独厚，茶叶品质优良。“婺源”有机茶出口在国际市场具有绝对的竞争优势，出口占全国有机茶出口70%以上的份额。江西的青山绿水和深厚的茶文化底蕴已成为新一轮茶产业浪潮中的无价之宝。借助江西茶叶绿色、安全、有机“金字招牌”，围绕“发展升级、小康提速、绿色崛起、实干兴赣”十六字方略，瞄准农业科技前沿，整理、筛选、推广适合江西茶产业发展的新技术，使新型茶业从业者掌握绿色有机茶叶生产技术，指导全省茶产业新型经营主体将更多的高新技术应用于有机茶领域，通过政府引导扶植发展绿色有机茶产业的新型经营主体，推动茶叶生产中继承性的传统精耕细作与创新型的现代物质技术装备相辅相成，共同支撑茶业经营主体的升级，是广大茶业科技工作者的职责和使命。为此，江西省农业厅组织江西省茶叶产业技术体系的专家团队，在引进试验、消化吸收目前茶产业最新技术成果的基础上着手编写《绿色有机茶叶生产实用技术》一书。

本书是集基本理论、实践操作、引导新型职业主体建设为一体的新型职业茶农培训和茶叶生产指导用书。本书的出版，旨在指导茶产业新型经营主体将更多的新技术应用于绿色有机茶领域，使茶产业的新型从业者掌握绿色有机茶叶生产技术，推动江西绿色有机茶产业发展、提高江西茶业科技水平、促进茶业经营主体的升级。

是为序。

陳宗懋

2015年元月26日

引 言

我国目前在推广的安全食品有三种：无公害食品、绿色食品和有机食品。前两种食品是为了适应我国消费者对安全食品的基本需求而发展起来的，是我国特有的。有机食品则是一种由发达国家首先兴起，近年来在我国迅速发展的，到目前为止要求最为严格的安全健康食品。

目前，国际上与我国绿色食品在生产方式相似的主要有“生态农业”、“自然农业”、“有机农业”、“生物农业”等形式，而与我国绿色食品相类似的产品主要有“生态食品”、“健康食品”、“自然食品”、“有机食品”等。尽管国外对这类产品的叫法不同，但宗旨和目的是一致的，这就是：在洁净的土地上，用洁净的生产方式，生产洁净的食品，提高人们的健康水平，促进农业的可持续发展。

20世纪90年代，我国提出绿色食品的概念，相继也制定了相应的标准如《绿色食品产地环境技术条件》、《绿色食品生产农药使用准则》和《绿色食品生产化肥使用准则》等。绿色食品分为A级和AA级，AA级绿色食品与有机食品遵守相同的原则和标准。从本质上来讲，绿色食品是从普通食品向有机食品发展的一种过渡产品，是指遵循可持续发展原则，按照特定生产方式生产，经专门机构认定，许可使用绿色食品标志，无污染的安全、优质、营养类食品。“按照特定生产方式生产”，是指在生产、加工过程中按照绿色食品的标准，禁用或限制使用化学合成的农药、肥料、添加剂等生产资料及其他可能对人体健康和生态环境产生危害的物质，并实施“从土地到餐桌”全程质量控制；“经专门机构认定，许可使用绿色食品标志”是指绿色食品标志是中国绿色食品发展中心在国家工商行政管理总局商标局注册的证明商标，受《中华人民共和国商标法》保护，未经注册人许可，任何单位和个人不得使用；“安全、优质、营养”体现的是绿色食品的质量特性。绿色食品标志由特定的图形来表示，绿色食品标志图形由三部分构成：上方的太阳、下方的叶片和蓓蕾。

不同的国家对有机农业概念的理解不同。欧洲把有机农业描述为：“一种通过使用有机肥料和适当的耕作和养殖措施，以达到提高土壤的长效肥力的系统。有机农业生产中仍然可以使用有限的矿物物质，但不允许使用化学肥料。通过自然的方法而不是通过化学物质控制杂草和病虫害”。美国农业部把有机农业定义为：“是一种完全不用或基本不用人工合成的肥料、农药、生长调节剂和畜禽饲料添加剂的生产体系；在这一体系中，在最大的可行范围内尽可能地采用作物轮作、作物秸秆、畜禽粪肥、豆科作物、绿肥、农场以外的有机废弃物和生物防治病虫害的方法来保持土壤生产力和可耕性，供给作物营养并防治病虫害和杂草的一种农业。”

我国在GB/T 19630标准中对有机农业的定义是“遵照特定的农业生产原则，在生产中不采用基因工程获得的生物及其产物，不使用化学合成的农药、化肥、生长调节剂、饲料添加剂等物质，遵循自然规律和生态学原理，协调种植业和养殖业的平衡，采用一系列可持续的农业技术以维持持续稳定的农业生产体系的一种农业生产方式”。有机产品是采用以上农业生产方式生产的供人类消费、动物食用的产品。有机产品需要满足5个基本要求：（1）原料必须来自已经或正在建立的有机农业生产体系，或是采用有机方式采集的野生天然产品；（2）在整个生产过程中必须严格遵循GB/T 19630.1、2、3、4《有机产品》标准的规定和要求；（3）必须有完善的全过程质量控制和跟踪审核体系，并有完整的记录档案；（4）其生产过程不应污染环境和破坏生态，而应有利于环境与生态的持续发展；（5）必须获得独立的有资质的认证机构的认证。

农艺师负责编写，第七章内容由产业经济岗位团队成员李道和教授负责编写。

本书出版得到了中国农业科学院茶叶研究所、江西省财政厅、江西省农业厅、国家茶叶产业技术体系、江西省蚕桑茶叶研究所领导和专家的大力支持，在此一并致谢！由于水平有限，时间仓促，书中难免有错误、遗漏和不妥之处，祈望广大读者批评指正。

编著者

2015年1月27日

前言

本书由江西省茶叶产业技术体系组织专家编写，遵循“古为今用、洋为中用”的原则，博采众长，参阅汲取杨亚军等编著的《中国茶树栽培学》及各类茶叶书籍资料，精选适合江西省情的内容吸收到教材中；同时又大量汲取了近年来茶树种植、栽培、病虫害防治、加工等先进试验结果，以及传统茶叶生产中涌现出来的群众性创新经验；部分关键技术为江西省茶叶产业技术体系建设启动后，各位专家引进目前茶产业最新技术成果，通过田间试验应用、消化吸收后形成，从而使现代先进科学成果、先进经验与本区域生产实际有机融合在一起。

本书在内容安排上，首先论述与茶树栽培相关的茶树的生长发育规律和优质高产基础理论，然后以茶叶生产过程为主线，从绿色有机茶茶园建设与管理、土肥管理、病虫害防治、加工等方面简单阐述了茶树生产过程中各个环节的技术原理，重点对各环节的技术措施进行了论述。为满足绿色有机茶叶生产和销售需求，把产品认证与质量管理体系、茶叶市场营销等内容编入书中。包括引言共8章，其中引言、第一章、第二章内容由首席专家杨普香研究员负责编写，第三章内容由栽培与土肥岗位专家叶川研究员及团队成员孙永明、张昆负责编写，第四章内容由病虫害防治岗位专家金玲莉副研究员及团队王播、涂娟编写，第五章内容由机械与加工岗位专家聂樟清高级农艺师及团队曹挥华、赣西北站站长吴东生编写，第六章内容由赣南茶区综合试验推广站站长李文金高级

目录

Contents

第一章
茶树生长发育的环境条件及优质高产

茶树的一生与其他作物一样，生长和发育既受本身的生物学特性所支配，同时也受外界环境条件影响。掌握茶树生长、发育的基本规律，了解外界各种因子对茶树生育的影响程度，充分利用合理的生产措施改善茶树的生育条件，使茶树的生育朝着人们所要求的方向发展，从而达到优质、高效的生产目标。

第一节　茶树营养生长的生育规律

茶树的生育期包括幼苗期、幼年期、成年期、衰老期，茶树营养生长的生育规律在不同的生育期有所不同。

一、幼苗期

（一）生育特征

幼苗期指从茶籽萌发到茶苗出土，第一次生长休止时为止；扦插幼苗指从营养体再生到形成完整独立的植株为止，这段时间需4~8个月。

（二）幼苗期管理

幼苗期茶树容易受到恶劣环境条件的影响，特别是高温和干旱，茶苗最易受害，栽培管理要精细化。

茶树种子萌发所需要的养分主要是依靠种子贮藏的物质水解而供给的，水分、温度和空气是茶子萌发必需的三个基本条件，在茶籽萌发前要使三个条件满足茶籽萌发的要求。

扦插苗在生根以前主要依靠茎、叶中贮藏物质的营养，但要注意苗圃土壤的水分供应与环境条件能促进插穗生根，需采取适当的遮阴保湿措施，以利于扦插苗发根后从土壤中吸收养分。

二、幼年期

（一）生育特征

从第一次生长休止到茶树第一次孕育花果，这一时期称为幼年期，一般历时3~4年，时间的长短与生态环境和栽培管理水平有关。

幼年期是茶树生理机能的活跃时期，实生苗幼年期主根明显，并向土层深处伸展，侧根很少，以后侧根逐渐发达，向深处和四周扩展，但仍有明显的主根。扦插苗主要是侧根，侧根向深处和四周扩展。

（二）幼年期管理

1.保苗壮苗

无论是扦插苗还是种子苗，种植的第一年，主要任务是保苗，提高种植成活率。

2.培养树冠

幼年期茶树的可塑性大，农业技术措施应以培养健壮的骨架为主，这个时期必须进行科学的定型修剪，培养粗壮的一、二级骨干枝，为后期的高产打好基础。同时这个时期要适当增加磷、钾肥的施用比重，以促使茎秆生长健壮。

三、成年期

（一）生育特征

是指茶树正式投产到第一次进行更新改造时为止（也称为青、壮年时期）。这一生物学年龄时期，时间较长，一般20～30年，管理水平高的茶园时间更长。

成年期茶树，树冠面上分枝密集细弱，花果增多，芽多而密，生长势旺，茶园产量高、品质好。

（二）管理措施

这个时期，是茶树回报率最高的时间段，栽培管理的任务是要尽量延长高产、稳产、优质的持续年限，最大限度地提高经济效益。采取的主要措施有加强肥培管理，特别是氮素营养；保持树上有足够的绿叶层，适当留叶，促使树势生长旺盛；进行轻修剪与深修剪，促进侧枝更新等。

四、衰老期

（一）生育特征

指从第一次对茶树进行更新改造开始至茶树死亡为止这一过程。时间长短因管理水平、环境条件、品种的不同而不同，一般要近百年，还可能更长。

（二）管理措施

衰老期茶树管理的主要农业技术措施是进行重修剪或台刈，结合土壤深翻改土，增施有机肥，并在施氮肥的基础上，增加磷、钾肥比重，使枝干和根系生长粗壮，延长更新年限。

第二节　茶树生长发育的环境条件

通常人们将影响作物生育的环境因子划为五类，即气象因子、土壤因子、地形地势因子、生物因子、人为因子。茶树对各种环境因子的反应是不同的，有的环境因子在生育的某一时刻对茶树的生存是必要条件，有的则是次要条件；同一环境因子在茶树不同的生育阶段，其影响茶树生育的强弱程度也是不一样的。如茶籽在出土前，水分和温度是必要条件，光照和土壤养分则是次要条件；茶苗出土后，光照和养分为主，水、热条件为辅。在生产茶园中，人为因子对茶树的影响有时超过其他自然因子，它可对自然环境中的生态关系起促进或抑制、改造或建设的作用，但自然因子的作用是人为因子难以替代的。

一、气象条件和茶树生育

气象条件对茶树生育的影响十分明显，其中以光、热、水等气象因子尤为重要。茶叶生产要达到高产优质的目的，应有良好的气象条件作为保证。

（一）光与茶树生育

茶树喜光耐阴，忌强光直射。

1.光质与茶树生育

地面接收的光辐射分为可见光部分和不可见光部分，可见光由红、橙、黄、绿、青、蓝、紫等七色光组成，不可见光部分是波长比紫色光短的紫外线和波长比红色光长的红外线。

可见光是茶树进行光合作用、制造有机物质的主要光源。叶绿素对蓝紫光吸收能力强，而对绿光、黄光、红外光吸收能力弱。茶树生育对不同光质反应是不同的，在红、橙光的照射下，茶树能迅速生长发育；蓝光在生理上对氮代谢、蛋白质形成有重大意义，是生命活动的基础；橙光对碳代谢、碳水化合物的形成具有积极的作用，是物质积累的基础；紫光比蓝光波长更短，不仅对氮代谢、蛋白质的形成意义重大，而且与一些含氮的品质成分，如氨基酸、维生素和很多香气成分的形成有直接的关系。

与白光相比，红、黄、绿光促进芽梢伸长、叶面积扩大，蓝、紫光抑制芽梢伸长、叶面积减小。不同光质条件下，对品质成分的影响表现为：蓝、紫、绿光下，氨基酸总量、叶绿素和水浸出物含量较高，而茶多酚含量相对减少；紫光、红光促进碳水化合物的形成，红光也就有利于茶多酚的形成；蓝、紫光则促进氨基酸、蛋白质的合成。在一定海拔高度的山区，雨量充沛，云雾多，空气湿度大，漫射光丰富，蓝、紫光比重增强，这也就是高山云雾茶氨基酸、叶绿素和含氮芳香物质多、茶多酚含量相对较低的主要原因。夏季，蓝、紫色膜覆盖可以提高氨基酸含量，而黄色膜则同时显著提高氨基酸和茶多酚的含量。

2.光照强度与茶树生育

茶树具有耐阴、喜阳的特性。适度遮阳，能满足茶树耐阴的生理习性需要，有利于提高茶叶的产量和品质。亚热带丘陵茶园的高辐射能，既不利于茶树正常生长代谢，又加剧了茶园水分亏缺。实施立体复合种植是提高茶树品种和经济效益的重要措施。

在茶园内种植遮阳树以调节光照强度，使光照强度处在有利于茶树生长的范围内。从目前的现状来看，各地种植遮阳树已不仅仅是调节光照强度，还包含有通过种植遮阳树以改善茶园光质，增加散射辐射比例，从而提高茶叶品质。同时，遮阳树种植模式是立体种植模式，改变了单一种植的生态环境，能提高光能利用率，使茶树生育环境得到改善，单位土地面积上的生产效益也将得到提高。

（二）温度与茶树生育

茶树与其他植物一样，有其生育的最适温度、最低温度和最高温度范围。温度影响着茶树的地理分布，制约着茶树的生育速度。气温和地温分别影响茶树的地上和地下部分的生长。

1.气温与茶树生育

气温对茶树生育的影响，因茶树品种、树龄、茶树生育状况和当地的其他生境条件不同而不同。

（1）低温与茶树生育

不同茶树品种耐最低临界温度的差异较大，一般灌木型中、小叶种茶树品种耐低温能力强，乔木型大叶种茶树品种耐低温能力弱，如龙井种在短期内能忍受-12～-16℃的低温，云南大叶在-3℃左右便会严重受害。同一品种不同年龄期耐低温能力不同，幼苗期、幼年期和衰老期耐低温能力较弱些，成年期耐低温能力较强。冬季茶树的耐寒性往往比早春处于待生长状态的强，早春茶芽开始萌动，芽体内水分含量较高，酶活性增强，对突然低温胁迫会产生十分敏感的反应；冬季茶树的各器官组织处于休眠状态，组织内细胞液浓度高，抗冻能力也较强。这种生物节律性的表现，能使茶树有效地度过严寒的冬季。

茶树发生冻害的轻重，除与低温程度直接有关外，与低温持续时间、风速等有密切的关系。一般来说，在一定低温条件下，低温和土壤冻结时间愈长，或低温期间吹干燥风，以及早春气候转暖后突然降温等，都会使冻害程度加重。

（2）高温与茶树生育

茶树受高温影响，生育受阻，严重时叶片脱落，植株枯死。高温持续的时间长短决定其受害程度。高温发生时，伴随的旱热风、缺水少雨，将会使茶树受害加剧。一般来说，茶树短时间内能耐35～40℃温度。自然条件下，日平均气温高于30℃，新梢生长就会缓慢或停止，如气温持续几天超过35℃，新梢就会出现明显的受害状，幼嫩枝叶呈萎蔫状，芽梢不长，枝梢枯萎、落叶。当日平均气温30℃以上，最高气温超过35℃，低湿、干旱时，茶树生育就受到抑制。

（3）最适生育温度

茶树的最适温度是指茶树在此温度条件下生育最旺盛、最活跃。不同茶树品种的最适生长温度不同，多数品种的最适生长温度为20～30℃，在此温度范围内，如其他生育条件满足其需要，则随温度的升高，生育速度加快。

一般认为，茶树的生物学最低温度为10℃，在此温度之上，茶树开始生长。但不同地区、不同茶树品种的生物学最低温度有差别。调查发现，早生种福鼎大白茶为10℃，中生种福安大白茶为10～12℃，晚生种政和大白茶为14℃。

芽的休眠期、萌发期以及新梢的生育过程是有很大差异的。在江南茶区，影响春茶芽叶生长的主要因素是温度条件，茶芽萌发的迟早、新梢的生长速度都与温度呈正相关。每片叶子展开所需要的时间，春季5～6天，夏季1～4天，一般3天左右。一般认为，日平均气温在10℃左右茶芽开始萌发；14～16℃时，茶芽开始伸长，叶片展开；17～25℃时，新梢生长旺盛；超过30℃，生长受到抑制。如果在生长初期气温降至10℃以下，茶芽又会停止生长或者生长缓慢下来；如果气温突然降至0℃左右，就会使已经萌动的芽产生冻害。

2.地温与茶树生育

地温与茶树生育的关系也十分密切。据段建真观测，地温为14～20℃时，茶新梢生育最适宜；次适宜地温是21～28℃；低于13℃或高于28℃，生长较缓慢。

早春气温低，地温更低，为促使春芽萌发，人们常采用耕作施肥和利用地表覆盖技术等措施，疏松土壤，加强地上与地下气流的交换，保温保暖，这些可有效地提高地温，促使根系生长。夏季地下5～10厘米的土层温度可升到30℃，通过种植牧草等措施，可以降低地温。套种平托花生的试验结果表明，在茶园套种平托花生，可使地表温度降低7℃左右，5～10厘米土层温度降低2℃左右。秋季增施有机肥以及提高种植密度，均能明显提高冬季茶园土壤温度。此外，茶园四周种植防护林也能有效改善地温。地温的变化与土壤色泽、结构、含水量、腐殖质含量、坡向、周边有无植被等因素都密切相关。

3.积温与茶树生育

积温是指某一时期温度在某一范围内的总和。积温分为活动积温和有效积温。

（1）活动积温

活动积温系指植物在某一生育时期或年生长期中高于生物学最低温度（又称生物学零度，茶树一般以10℃为生物学零度，它可根据不同地区、不同茶树品种进行计算）日子的温度总和，计算式为A=NT。式中A指活动积温，N指大于生物学零度的天数，T指大于生物学零度的日均温。

茶树的年生育过程中，全年至少需要大于或等于10℃的活动积温3000℃。活动积温低于3000℃的茶区，年生长量小，冬季应当注意防冻。全年活动积温的多少，与全年茶叶的采摘次数及茶叶产量有密切关系。一般认为，在其他因子满足情况下，春茶采摘前，大于或等于10℃的积温愈高，则春茶开采期愈早，产量愈高。茶叶单产随积温的增加而呈指数规律递增。

（2）有效积温

有效积温系指植物某一生育期或整个年生长周期中有效温度之和。有效温度是活动温度与生物学最低温度之差。有效积温的计算式为A=N（T−t）。式中t指生物学零度（即10℃）。

有效积温能比较确切地反映茶树的生育状况和速度。茶树在某一生长期中所要求的有效积温是比较稳定的，接近一个常数。据研究，从茶芽萌动到一芽三叶需要10℃以上的有效积温110～124℃。

（三）水分与茶树生育

水是茶树有机体的重要组成部分。茶树各器官的含水量一般是：嫩梢75%～80%，老叶65%左右，枝干45%～50%，根系50%左右。水是茶树生育过程中不可缺少的生态因子，茶树光合、呼吸等生理活动的进行，营养物质的吸收和运输，都必须有水分的参与。茶树通过蒸腾作用，促进水分的吸收和运转，以调节体温使之不至于过热；水分还可以保持茶树细胞和组织处于紧张状态，使茶树维持一定的形状，进行正常的生物发育。水分不足或水分过多，都不利于茶树生育。水分同时也影响着生境的其他气象因子。

1.茶树生育的需水要求

（1）降雨量

茶树生长所需水分一般来源于自然降水。一般认为，适宜经济栽培茶树的地区，年降水量必须在1000毫米以上。

适宜植茶地区的另一降水指标要求是，茶树生长期间的月降水量应大于100毫米。连续几个月降水量小于50毫米，而且又未采取人工灌溉措施，茶叶产量和品质都会受到影响。

（2）空气湿度

空气湿度与茶树生长发育的关系表现为：空气湿度大时，新梢叶片大、节间长、新梢持嫩性强、叶质柔软、内含物丰富，茶叶品质好。茶树生长期间，要求空气相对湿度在80%～90%比较适宜的；当茶园中的相对湿度小于60%时，土壤的蒸发和茶树的蒸腾作用就显著增加，在这种情况下，如果长时间无雨或不进行灌溉，就会发生土壤干旱，影响茶树的正常生长发育和茶叶产量、品质；若相对湿度小于50%，新梢生长就会受到抑制；若相对湿度低于40%，对茶树有害；当空气相对湿度大于90%时，空气中的水汽含量接近饱和状态，这对茶树新梢生长虽然有利，同时容易导致与湿害相关的病害发生。

空气湿度能影响土壤水分的蒸发，也相对地降低了茶树的蒸腾作用，从而减少水分的消耗。一些品质优越的茶产区，除了其他方面的条件优越外，多由于山高云雾缭绕，空气湿度大或近江河湖泽，水气交融，茶叶品质极佳。

2.茶园土壤水分对茶树生育的影响

茶树对生长环境的土壤含水量也有一定的要求，这一要求随茶树生育时期、品种、土壤质地、孔隙状况及透水性能等的不同而变化。一定土壤条件下，土壤相对含水率为50%～90%时，随土壤含水量提高，生育量增加。

适宜的土壤含水量能促进茶树生长，不足或过量都会使茶树生育受阻，在土壤含水量的50%～110%的条件下栽培茶树的试验结果表明，适宜茶树生长的最佳土壤含水量为70%～90%，在此含水量条件下，根系活力、对营养物质的吸收（除钾外）均是较强的。

（四）地形地势与茶树生育

地形地势包括地形、海拔高度、坡度、坡向等。地形地势不同，光、热、水、气、土、肥等条件也不相同，从而影响茶树的生长发育和产量品质。

1.地形

地表起伏的形态称地貌，地理学中也叫“地形”。地形起伏改变了光照和空气流向，因此，地形起伏较大的地方气象条件年变化、日变化均较大。冬季晴天的条件下，冷空气向低洼地段汇集，处在谷底部位的温度较低，常易引起茶树冻害。在寒潮或冷空气南下的天气，坡顶迎风面的温度最低，谷底的温度相对较高，受冻严重的地方不是在谷底，而是坡顶，这就是所谓的“风打山梁，霜打洼”。研究表明，冬季的晴天，地面最低温度以坡中最高，坡顶次之，坡脚最低；而阴、雨天，斜坡不同部位的温度差别不大。据此，在冻害严重的地区，茶树应避免在坡顶和坡脚处种植，在低洼处种茶，应选择耐寒性强的品种。

2.海拔高度

随着海拔高度的升高，山地的月平均气温、年平均气温、大于10℃的活动积温都明显降低。在江西省的自然条件下，海拔高度上升100米，气温大多降低0.5℃左右，年活动积温减少180℃左右。山愈高，气温愈低，积温愈少。空气的相对湿度随海拔高度的变化不大，但达到云层所在的高度，相对湿度显著增大，而在逆温层中则大大降低。因此，山地上相对湿度随海拔高度的变化，要视山地的位置及季节而定。在一定高度的山区，雨量充沛，云雾多，空气湿度大，散射光强，这对茶树生育是有利的。

海拔过高，温度降低，积温减少，生长期缩短，易受冻害。因此，茶树种植高度也不是愈高愈好，而应根据当地的气候条件等因子综合确定。有研究表明，我国亚热带东部地区，海拔400～800米山坡上种茶，一般茶叶品质较好。

3.坡度、坡向

山地的坡度、坡向能影响小气候的变化，因而，也影响茶树的生长发育。古书《茶解》中指出："茶地斜坡为佳，聚水向阴之处，茶品遂劣。故一山之中，美恶相悬。"

坡向和坡度的不同，受光照时间和太阳辐射强度差别大，因而获得的太阳辐射总量也不一样，于是形成不同坡向间的小气候特点。由于我国地理位置特点，阳光终年是从南面照来，所以偏南坡地（包括南坡、东南坡、西南坡）获得的太阳辐射总量多，温度高；而偏北坡地的太阳辐射总量较少，温度就低。土壤最低湿度，几乎终年都出现在北坡，东、西坡介于南坡与北坡之间。夏季，南、北坡地的差别比较小，而冬季差别就较显著，这一差别，在纬度愈高、坡度愈大的情况下表现得愈明显。日平均土温以南坡为最高，北坡最低，东坡与西坡介于南北坡之间。日平均气温随破向的变化规律与土温相同。

由此可见，在大部分茶区，阳坡（偏南坡）获得的太阳辐射及热量多，温度高，但湿度比较低，土壤比较干燥；而阴坡（偏北坡）的情况正好相反。调查证明，在春季偏南坡的茶园，茶芽萌动比偏北坡早1～3天，因而春茶采摘期也相应提早；而北坡冻害比南坡重。因此，如果种植地经常有冻害发生，从减轻冻害角度出发，选择偏南坡种茶为好。一般来说，在南方，阳坡茶树的生长势春、秋季优于夏季，而阴坡茶树则夏季比春、秋季的长势为好。

二、土壤条件与茶树生育

土壤是一个重要的环境因子。土壤条件对茶树生育的影响主要包括土壤的物理环境、化学环境，以及生物在土壤中的活动对土壤物理、化学环境产生的影响。这些土壤环境条件的变化，直接影响茶树的生育。科学认识茶园土壤对茶树生育的影响，能有效地指导茶园土壤管理，妥善选择茶园土壤，采用各种农业技术措施，不断地改良土壤，持续地提高、保持及恢复土壤的生产能力。

（一）土壤物理性状与茶树生育

1.土壤类型

土壤固体部分95%以上都是直径大小不同的矿物质颗粒。根据颗粒的大小和性质，可以分成石砾（粒径大于1毫米）、砂粒（粒径0.05～1毫米）、粉粒（粒径0.001～0.05毫米）和黏粒（粒径小于0.001毫米）四类。土壤中大小颗粒的组成比例就叫土壤质地，也叫土壤机械组成。土壤质地不同，其胀缩性、吸湿性、透水性及养分含量也不同。

适宜茶树生长的土壤应该是质地疏松、土层深厚、排水良好的砾质、砂质壤土。凡砂岩、页岩、花岗岩、片麻岩和千枚岩风化物所形成的土壤，都适宜种茶，这些土壤的物理性状（通气、透水）良好。含硅多的石英砂岩与花岗岩等成土母质，能形成适合茶树生长的沙砾土壤，而在沙砾土壤上生长的茶树根发生量多，所产茶叶品质好。由于千枚岩、页岩风化的土壤养分含量丰富，对茶树生长有利；而由玄武岩、石灰岩与石灰质砂岩、钙质页岩等岩石发育的土壤，因碳酸钙或酸碱度偏高，对茶树生长不利。

2.有效土层

茶园土壤有效土层在1米以上，上部质地轻砂质、砂壤质，下部中壤质，无黏盘层或铁锰硬盘层，排水良好，团粒结构较好的土壤有利于茶树生育，且产量高、品质好。土层浅薄，茶树根系不能充分伸展，土壤受地面光、温、湿的影响大，调节能力弱，茶树生长矮小。排水不良或地下水位高，使得茶树根系较长时间处于缺氧状态下生长，呼吸不良，根系受毒害，新梢萌发力弱，严重时植株死亡。

3.土壤容重

土壤容重是土壤又一重要的物理性质，它直接影响到土壤孔隙度与孔隙大小分配、土壤的穿透阻力及土壤水肥气热变化，对土壤通气、持水性、坚实度等影响显著。低容重土壤根系纵向分布均匀，数量多，根细而长；高容重土壤根系短、密度小。土壤通气性的改变，使土壤的一些物理性质也随之改变，土壤有机质含量、根系生物量、土壤呼吸、微生物数量及酶活性发生相应变化。

表土层是茶树吸收根主要分布层，与茶树生长关系十分密切。不同土壤类型茶叶品质的研究表明，茶叶品质好坏的排序是：硅质黄壤>砂页黄壤>第四纪黏质黄壤>小黄泥>黄棕壤。硅质黄壤表土层（0～20厘米）土壤容重最小，该土层疏松、透气、透水、保肥性良好，所产茶叶品质佳；黄棕壤的表土层物理性状相对较差，土壤容重最大，土层坚实、透气、透水、保水、保肥性能都较差，所产茶叶品质也差。一般认为，高产优质茶园的表土层10～15厘米处容重为1.0～1.3克/立方厘米，孔隙率为50%～60%；心土层35～40厘米处容重为1.3～1.5克/立方厘米，孔隙率为45%～50%。

4.土壤质地

茶园土壤的质地与茶园土壤的水分状况有密切的关系。砂性土壤通透性及排水性良好，但蓄积水分的能力较差；黏性土壤蓄水性良好，但通透性及排水性较差。一般适宜茶树生育的土壤水分，上限是田间持水量的90%。降低到田间持水量的70%时，就需要灌溉补充水分；低于田间持水量的45%时，茶树会受旱害；降至田间持水量的30%时，茶树会枯死；超过田间持水量上限达100%时，茶树发生湿害。当土壤相对含水量为70%～90%时，根系在土壤中分布范围最广，根系总量和吸收根的重量最大，反映根系活力的脱氢酶活性最强。在茶树适宜生长的供水范围内，土壤水分越多，则溶解的养分越多，土壤肥力就高，说明物理性状对土壤肥力贡献力大。土壤中的三相（固相、气相、液相）分布是土壤物理性状（容重、孔隙度、水分含量、空气容积）的综合反映，各地高产优质茶园的调查表明，表层土中的固相：气相：液相以50：20：30左右为宜，而心土层则以55：30：15左右为合适。

（二）土壤化学性状与茶树生育

土壤化学条件对茶树生育的影响是十分明显的，影响较大的是土壤酸度、土壤有机质和无机养分。

1.土壤酸度

土壤酸度对土壤一系列肥力性质都有很大影响，影响土壤有机质的分解、合成，微生物的活动，营养元素的转化与释放，微量元素的有效性等。

（1）茶树的喜酸特征

茶树是喜酸性土壤的植物。适宜植茶的土壤pH一般为4.0～5.5。植茶后茶园土壤pH较自然土壤显著下降。2011～2013年江西茶叶主产县婺源、浮梁、遂川、修水四县的土壤抽样分析结果表明，茶园土壤酸化较严重，所取茶园土壤pH都在4.5以下，小于4.0的占72.0%，小于3.5的占26.4%。

茶树喜酸的原因有以下几方面：第一，它是由茶树的遗传性所决定，茶树原产于我国西南地区，那里的土壤是酸性的。第二，茶根汁液的缓冲能力在pH5.0时最高，以后逐渐降低，至pH5.7以上，缓冲能力就非常小了。第三，是由于与茶树共生的菌根需要在酸性环境中才能生长和侵染。第四，是由于茶树需要土壤提供大量的可给态铝。第五，茶树是嫌钙植物。

（2）土壤酸度与茶鲜叶主要生化成分

不同土壤酸度条件下生长的茶树，体内茶多酚、氨基酸、咖啡因和水浸出物含量差异较大。氨基酸和茶多酚含量与土壤酸度呈显著负相关，即在一定条件下，土壤偏酸，氨基酸和茶多酚含量增加。pH为5.5时，鲜叶中水浸出物含量最高，pH大于5.5或小于5.5，水浸出物含量均减少；pH为5.0时，鲜叶中咖啡因含量最少，pH大于5.0或小于5.0，咖啡因含量增大。

（3）土壤酸度与土壤养分

土壤pH对土壤矿质养分的有效性影响也很大。研究表明，茶树对铝的吸收与土壤pH呈显著负相关，pH增大时，茶树对铝的吸收显著减少；对钙的吸收与土壤pH呈显著正相关；对锌、锰吸收呈线性负相关性；对硼、钼的吸收为二次曲线相关。

茶树根系分泌的有机酸，有机酸的种类和数量在品种间存在着明显的差异，季节间的差异也十分明显。茶树根系有机酸的分泌改变了根际的pH和氧化还原状况，影响到土壤养分的有效性。研究表明，根系分泌有机酸对土壤中的铝、氟、磷、铜、锌、铁、锰具有活化作用，有机酸对老龄茶园土中铝、氟和营养元素的活化作用比对幼龄茶园的要强。

（4）施肥与土壤酸度

施肥对土壤pH影响明显，尤其是生理酸性肥料，如硫铵等。连续施用生理酸性化学氮肥时间越长，pH下降越多。施肥中如果配猪粪可以提高了土壤缓冲性，pH下降较少。深耕可以缓和土壤酸化进程。由于栽培过程，特别是施肥会逐渐使土壤酸化，影响对离子的吸收，因此，必须随时注意茶园土壤酸度的调整。日本在土壤改良指标上都把pH定为5～5.5，用苦土（氧化镁）、石灰改善土壤酸性已成为日本普遍应用的措施；印度和斯里兰卡也在茶园中施用石灰，以提高土壤pH。

2.土壤有机质

茶园土壤的有机质含量对土壤的物理化学性质有极大的影响，有机质含量是茶园土壤熟化度和肥力的指标之一。高产优质茶园土壤有机质含量要求达到2.0%以上。

2011～2013年对江西婺源、浮梁、遂川、修水四个茶叶主产县茶园土壤抽样分析结果表明，茶园土壤有机质含量较丰富，达到Ⅰ级茶园肥力指标的占66.0%，高山茶园有机质含量较高，低丘和平地茶园含量稍低些。

3.土壤养分

茶园土壤中除了有机质以外，还有大量的矿质元素，如钾、钠、钙、镁、铁、磷、铝、锰、锌、钼等，这些元素大多呈束缚态存在于土壤矿物和有机质中，经过风化作用和有机质的分解而矿质化，缓慢地变成茶树可利用形态，或呈溶解态被吸附于土壤胶体或团粒上。这类元素含量多少，直接或间接地影响茶园土壤的化学环境，也影响茶树生育和茶叶品质。

2011～2013年对江西婺源、浮梁、遂川、修水四个茶叶主产县茶园土壤抽样分析结果表明，茶园土壤氮、磷、钾三种主要营养元素丰缺不平衡，全氮水平尚好，平均含量达到Ⅰ级茶园肥力指标，达到Ⅰ级茶园肥力指标的土壤占74.5%，达到高产优质茶园肥力指标的土壤占16.0%；有效磷含量偏低，不同茶园之间差别很大，最高值231.4毫克/公斤，最小值低于设备最低检测限值；有效钾含量极低，达到高产优质茶园肥力指标的仅4.7%，达到Ⅰ级和Ⅱ级茶园肥力指标的只有15%；有效铁、锰、锌和铜含量较丰富；有效镁、硫和硼含量偏低，有效镁和硫达到高产优质茶园土壤肥力指标的不到25%，有效硼含量达到高产优质茶园土壤肥力指标的只有11%，修水和遂川两县有78.8%的茶园土壤有效硼含量低于设备最低检测限值。

（三）土壤微生物与茶树生育

茶园土壤中生物组成数量最多的是微生物，包括细菌、真菌和放线菌等，常见种属共33个，其中对提高土壤肥力和改善茶树生长有显著作用的自身性固氮菌、氨化细菌和纤维分解细菌等种群，数量均很丰富。各类微生物在土壤中的分布呈现根表>根际土壤>非根际土壤的趋势。研究表明，持续植茶后土壤3大类群微生物数量比自然土大幅增加，但种植30年与50年之间变化不大。

茶园中各种生产措施的采用，对土壤微生物种群与数量都会有较大的影响。化肥对微生物活性影响不同，有的有促进作用，有的有抑制作用。施磷、钾肥能提高各种微生物的数量，施氮肥后微生物数量大部分减少。土壤耕作，改变了土壤的通透性，微生物群落与种类也会发生一定的变化。施用农药和除草剂一般会抑制微生物的繁殖，但有的农药分解后又能对微生物生长产生一定的促进作用。过量使用农药会加剧农药对微生物的抑制作用。土壤覆盖改变了土壤中的水、肥、气、热状况，也会引起微生物种群和数量的变化。

土壤微生物能有效分解、转化土壤有机质，并可以作为氮、碳的贮藏库和供给源。土壤微生物也有对茶树生长不利的一面，它会与茶树争夺营养物质，有的病原菌会致病或排出有毒物质，对茶树有害。合理地开发与利用土壤微生物，将会有利于茶叶生产的发展。

第三节　影响茶树优质高产的因子

人们种植茶树的目的，是为了从单位面积茶树上采收量多、质优的茶叶，获得一定的经济效益。茶树在形成品质和产量的过程中，内部的物质代谢，外部的形成结构，都有特定的规律和特点，并受到人们的社会活动和茶树的生育环境等诸多因子的影响。所以要掌握茶树优质高产的规律，从茶叶品质和产量构成的基本因子及茶树优质高产的演变特点入手，分析茶树优质高产的生理生化基础，综合运用先进的农业技术，来实现茶园生产的优质高产和高效。

一、茶叶品质的构成

（一）茶叶品质

茶叶是一种饮料，人们在长期的饮用过程中，逐渐形成茶叶品质的概念，归纳起来为“色、香、味、形”四个字，每类茶的色、香、味、形都有不同的内容和含义。

1.绿茶品质

绿茶要求香气清香持久、纯正，汤色清澈明亮，滋味醇而爽口。形成绿茶香气的主导物质是香叶醇、苯乙醇、芳樟醇、雪松醇、β－紫萝酮等芳香物质。此外，具有鲜味的氨基酸，对绿茶香气的形成也有一定的辅助作用。氨基酸（尤其是茶氨酸）和咖啡因是构成绿茶（鲜爽）的主要成味成分。高级绿茶氨基酸含量高，多酚类含量中等，因而茶味浓而鲜，并富有收敛性。所以，氨基酸、多酚类和咖啡因是构成绿茶品质主要的生化因子。

2.红茶品质

红茶要求汤色红艳明亮，香气鲜浓，茶味浓烈，收敛性强，鲜爽。其色、香、味的形成，主要依赖于芳香物质和多酚类酶性氧化作用以及其他物质的配合。氨基酸具有鲜味，主要影响滋味，但它与多酚类氧化产物作用能产生香气，与其他物质一起构成红茶的香气。优质的茶汤，滋味浓而富有刺激性，具有“冷后浑”的现象，这主要是由于茶黄素、茶红素与咖啡因形成乳状络合物的结果，咖啡因与茶黄素的结合物呈橙黄色，具鲜爽味。鲜叶中的咖啡因含量愈高，制成红茶后“冷后浑”的作用就越明显。茶叶的糖类是滋味甜醇的组成成分之一。鲜叶中叶绿素含量高，在揉捻过程中叶组织破坏不充分，是红茶叶底“花青”或“乌条”的主要原因。因此，选择嫩度好、各种有效成分含量高，尤其是茶多酚类含量较高、叶绿素含量较低、叶色浅绿的鲜叶原料用来加工红茶，可得较优良的红茶。

3.乌龙茶品质

乌龙茶品质风格独特，香气馥郁，滋味醇厚回甘，润滑爽口，汤色橙黄，清澈艳丽。品质高低以香味为重要基础，尤其是橙花叔醇、苯乙醛、水杨酸甲酯含量高的品种更适制乌龙茶。乌龙茶如果采摘过嫩，酯型儿茶素含量较多，在加工过程中极易氧化，致使滋味苦涩；采得太粗老，则滋味太淡薄。故加工乌龙茶的鲜叶以新梢达八九成成熟，长到3～4叶对夹，叶质尚嫩时开采最好。

总之，每种茶类都有一定的品质要求，这都有赖于鲜叶原料及其加工技术。茶叶是特殊的商品，一方面它有普通商品的品质内容；另一方面，又有它自己独特的品质特性、特征。不同的原料、不同的加工技术制成的不同茶类，形成了不同的品种风味。同时，由于人们的嗜好不一、习惯不同，对茶叶品质的认同也有一定的差异。所以，茶叶的生产，要结合茶叶销售市场，生产适销对路的茶叶，满足不同消费群体的要求，实现增值增收的目的。

（二）茶叶品质的构成因子

茶叶品质的构成有物理因子和化学因子两个方面。茶叶的外形基本上取决于物理因子，茶叶的内质由鲜叶化学成分所决定。

1.茶叶品质构成的物理因子

物理因子包括芽叶的大小、长短、老嫩、匀净度、色泽和新鲜度等几个方面。就一般的红茶、绿茶而言，要求芽叶小而不瘦、大而不老、长短在5～6厘米、嫩度好，正常芽叶比重大，芽叶大小匀称，不带老梗和老叶，净度高，富光泽性，芽叶成朵而新鲜。

鲜叶的老嫩度是决定茶叶质量的首要因子。一般红茶、绿茶成品等级的划分，通常是以嫩度为主要依据，嫩度好的制茶品质也好，而嫩度一般决定于采摘标准。因此，根据各茶类的品质要求，制定合理的采摘标准，是实现优质高产高效的重要手段。

不同的茶类对芽叶的大小、色泽、厚薄和软硬程度等均有不同的要求，针形名优茶要求芽长，叶质柔软而多毫；扁形名优茶要求芽长适中，叶质柔软而少毫；红茶要求芽叶肥壮、柔软而多毫。一般来说叶色绿或深绿的芽叶含有较多的叶绿素和氨基酸，适制绿茶。叶色黄绿或浅绿的芽叶含有较多茶多酚，适制红茶；紫色芽叶含有较多的花青素。

匀净度也是衡量鲜叶质量不可忽视的因子。均匀一致的鲜叶便于茶叶加工，不均匀的鲜叶各工序技术参数较难掌握。尤其是老嫩程度不一的鲜叶，杀青工序就很难达到匀透的目的，制茶品质也很难达到优质标准。鲜叶净度一般是指夹杂物数量的多少，优质鲜叶要求不能有老叶、老梗、花果、虫体、杂草、沙土等夹杂物。

新鲜度也是构成鲜叶质量的物理因子之一。新鲜度好的原料，成品茶色香味正常；制作绿茶特别要求原料的新鲜度，损伤芽叶制作的绿茶会产生花杂。

2.茶叶品质构成的化学因子

不同生育程度的新梢其嫩度是不同的，生化成分差异更大。鲜叶的生化成分及其组成是茶叶色、香、味因子形成的基础。

茶树上采下的芽叶，其化学成分的组成虽然因品种、气候、栽培条件等的不同有一定的差异，但从总体而言，其鲜叶化学成分的组成有其共同的特点：一是茶树鲜叶的干物质与水分之比约为1：3；二是在干物质中含有大量的茶多酚，约占干物质重量的1/3；三是含有多种氨基酸，尤其茶叶中特有的茶氨酸含量占氨基酸总量的1/2；四是富含咖啡因和维生素 C 。

到目前为止，茶叶中的已知化学成分有500余种，其中大部分为有机化合物。组成这些化学物质的基本元素约有30余种。茶树鲜叶的化学成分归纳起来可分为十几类，见表1–1。从表中可以看出，鲜叶中的化学成分除了含有较的水分之外，干物质中以多酚类、碳水化合物类、含氮化合物类（蛋白质、氨基酸、生物碱等）含量最多。

表1-1　茶树鲜叶化学成分的组成

<table>
<tr><th colspan="3">物质</th><th>含量（%）</th><th>占干物质（%）</th><th>主要存在部位</th></tr>
<tr><td>水分</td><td colspan="2">束缚水、自由水</td><td>75左右</td><td></td><td>原生质、细胞间隙、导管、细胞液泡</td></tr>
<tr><td rowspan="13">干物质</td><td rowspan="11">有机化合物</td><td>茶多酚</td><td>6.75左右</td><td>27左右</td><td>原生质、细胞间隙、导管、细胞液泡</td></tr>
<tr><td>碳水化合物</td><td>5.50左右</td><td>22左右</td><td>液泡</td></tr>
<tr><td>蛋白质酶</td><td>6.25左右</td><td>25左右</td><td>细胞壁、细胞质</td></tr>
<tr><td>氨基酸</td><td>0.75左右</td><td>3左右</td><td>细胞质、叶绿素、细胞核</td></tr>
<tr><td>生物碱</td><td>1.00左右</td><td>4左右</td><td>液泡、细胞质</td></tr>
<tr><td>有机酸</td><td>0.75左右</td><td>3左右</td><td>液泡、细胞质</td></tr>
<tr><td>类脂</td><td>2.00左右</td><td>8左右</td><td>液泡、细胞质</td></tr>
<tr><td>色素</td><td>0.25左右</td><td>1左右</td><td>细胞质、叶绿素、细胞壁</td></tr>
<tr><td>芳香物质</td><td rowspan="2">0.25左右</td><td rowspan="2">1左右</td><td>叶绿体</td></tr>
<tr><td>维生素</td><td>细胞质</td></tr>
<tr><td></td><td></td><td></td><td></td></tr>
<tr><td colspan="2">无机化合物</td><td>1.50左右</td><td>6左右</td><td>液泡、细胞质</td></tr>
<tr><td colspan="2">干物质合计</td><td>25左右</td><td>100</td><td>细胞各部分</td></tr>
<tr><td colspan="3">总计</td><td>100</td><td></td><td></td></tr>
</table>

（1）水分：鲜叶中含有大量水分，正常生长的一芽二叶、一芽三叶通常含有75%～78%的水分。新梢不同部位的叶片含有的水分量是有差异的，细嫩的叶片含水量更多。在正常情况下，新梢芽叶中含水量高，是茶树新梢代谢旺盛的标志，尤其是氮代谢加强。因此，含水量高的芽叶中氮化物（如氨基酸、蛋白质等）含量较高，制成的茶叶滋味鲜爽、香气较高。在干旱季节，采用喷灌等措施可改善茶树的水分状况，提高鲜叶的含水量和酶活性，有利于改进茶叶品质。

（2）茶多酚：茶多酚是茶鲜叶中最重要的一类化合物，它是茶叶中30多种多酚类物质的总称。茶多酚俗称茶单宁、茶鞣质。它是一类具有苦涩程度不同的物质，与茶叶品质的关系最密切。鲜叶中茶多酚的含量因茶树品种、季节、鲜叶老嫩等的不同而有很大差异，含量低者不到20%，含量高者可达40%。鲜叶中的茶多酚主要由儿茶素、黄酮类、花青素类和酚酸类等组成。

茶多酚对茶叶的香、味都有很大的影响。红茶的红色叶底和红亮汤色就是茶多酚的氧化聚合产物所形成的。茶多酚的氧化物与氨基酸结合后能形成具有芳香的物质。茶多酚是很重要的滋味物质，鲜叶的茶多酚在加工过程中发生的一系列水解、异构氧化、聚合等反应，把茶多酚的滋味改造得浓强、鲜爽和醇和。

鲜叶中茶多酚的含量与红茶、绿茶的品质关系十分密切。同一茶季的绿茶，通常也是茶多酚含量适中的鲜叶制出的成茶品质比较好，表现为滋味较浓且鲜爽。据分析，鲜叶中茶多酚对红茶品质的影响，不仅取决于其总量的多少，而且还取决于组成茶多酚的各组分的含量及其比例。研究表明：红茶中茶黄素含量愈高，品质愈好。

①儿茶素是茶多酚物体的主体，通常占茶多酚总量的50%～80%。鲜叶中的儿茶素主要有6种，包括4种非酯型儿茶素和2种酯型儿茶素。从茶的滋味角度来看，酯型儿茶素较非酯型儿茶素的苦涩味重。通常情况下，鲜叶的酯型儿茶素含量占绝对优势，所以，鲜叶的滋味是苦涩的。

②黄酮类物质又称花黄素，一般呈黄、黄绿至绿色，多数能溶于水，所以属水溶性色素，对茶汤的汤色和滋味有一定影响。

③花青素，茶树上常有紫色芽叶，就是花青素的含量较多之故，花青素具有明显的苦味，而且是水溶性色素，对绿茶的滋味尤其不利。含花青素多的鲜叶加工而成的绿茶，往往汤色深暗，滋味发苦，叶底靛青。

④鲜叶中的酚酸类物质种类很多，生长在南方的大叶种芽叶含有较多的没食子酸，在红茶加工过程中可参与生成茶黄素，对红茶品质有利。

（3）氨基酸和蛋白质：氨基酸和蛋白质都是茶树氮代谢的产物，因此在施氮肥较多，尤其是氨态氮肥施得多的情况下，它们的含量显著增高。一般情况下，鲜叶的蛋白质含量占干物质的25%以上，鲜叶愈嫩，含量愈高。茶叶中的蛋白质绝大部分不溶于水，能溶于水的只占1%～2%，这部分水溶性的蛋白质对增进茶汤的滋味、浓度有积极作用。

鲜叶中的氨基酸种类有20多种，主要有茶氨酸、天门冬氨酸、天门冬酰胺、谷氨酸、谷氨酰胺等等。鲜叶中氨基酸含占干物质的1%～4%，优质鲜叶氨基酸含量可高达4%～6%。茶氨酸含量约占氨基酸总量的一半左右，这是茶叶中游离氨基酸组成的一个重要特点，也是茶树新陈代谢的特征之一。氨基酸在茶树根部合成，然后输送到嫩梢部分。土壤肥力好、根部发达的茶树，合成氨基酸的数量也较多。氨基酸具有鲜味，略带甜味，是茶叶中重要的滋味物质，有些也能转化为茶叶香气物质，所以氨基酸的含量与茶叶品质的关系十分密切。

（4）酶：茶叶中酶的种类很多，与茶树生理相关的主要酶类有保护性酶系统（超氧化物歧化酶、过氧化物酶、过氧化氢酶）、多酚氧化酶、多酚氧化酶同工酶和过氧化物同工酶、酯酶同工酶等。与茶树遗传相关的主要酶类有过氧化物同工酶、酯酶同工酶、多酚氧化酶同工酶、DNA限制性内切酶等。与茶叶加工相关的主要酶类有多酚氧化酶、β-糖甙酶、单宁酶、肽酶、纤维素酶、果胶酶、叶绿素酶。

（5）色素：鲜叶中的色素包括脂溶性色素和水溶性色素两类。叶绿素和类胡萝卜素不溶于水，属于脂溶性色素；黄酮类物质和花青素能溶于水，属于水溶性色素。鲜叶中的叶绿素由蓝绿色的叶绿素a和黄绿色的叶绿素b两种物质所组成。新叶片中叶绿素a的含量比叶绿素b高2～3倍，所以呈深绿色。幼嫩叶片，叶色较淡，呈黄绿色，是因为叶绿素a和叶绿素b的比值较低。鲜叶中叶绿素含量一般为0.3%～0.8%。品种不同叶绿素含量差异较大。一般情况下，叶色黄绿的大叶种，叶绿素含量较低，适制红茶；叶色深绿的小叶种，叶绿素含量高，对形成绿茶外形、色泽和叶底色泽有利，因此适制绿茶。

（6）生物碱：茶叶中的生物碱主要是咖啡因、茶叶碱和可可碱。咖啡因含量较高，为2%～5%。咖啡因本身味苦，但是与茶多酚及氧化产物形成络合物以后，便形成一种具有鲜爽滋味的物质。

（7）芳香物质：鲜叶中具有芳香的挥发性物质，含量不到0.02%，但组成芳香物质的种类却有100余种，包括醇类、醛类和酸类等。品种不同，气候、季节不同，土壤和栽培条件不同，香气成分的组成也会有很大的差异。鲜叶中含量最高的芳香物质是青叶醇，约占鲜叶香气成分总量的60%。成品茶香气的种类比鲜叶要多得多。据研究，绿茶中芳香物质有100多种，红茶达300多种，这说明在制茶过程中，茶叶中各物质所发生的相互作用和转化形成了新的香气物质。

（8）糖类：包括单糖、双糖和多糖三大类，其总量占干物质的20%～30%。单糖和双糖都易溶于水，具有甜味，是茶叶滋味物质之一，在鲜叶加工过程中能在热的作用下转变成香气物质。多糖是茶鲜叶中糖类的主体，占干物质重量的20%以上，多糖主要有淀粉、纤维素、半纤维素、木质素和果胶质等物质。

（9）其他物质：除上述物质以外，茶叶中还含有一定量有机酸、类脂、维生素和矿质元素等。鲜叶中含有多种有机酸，占干物质的3%左右。鲜叶中含有约8%的类脂，包括脂肪、磷脂和蜡三部分。茶鲜叶中含有多种维生素，制成成品茶后仍保留很多，其中含最多的是维生素C，春季鲜叶中维生素C的含量一般在0.6%～1%，第1叶和第2叶含量最高。组成茶叶的矿质元素种类很多，其中含量最多的是磷和钾，茶叶经过高温灼烧灰化后剩下的都是无机物质，又称灰分，灰分含量一般在4%～7%。

（三）茶叶品质的演变特点

茶叶品质受茶树品种所左右，同时又随着树龄变化、树势强弱、生态环境、栽培条件和不同的采摘标准而变化。

从品种来说，不同茶树品种由于遗传特性和新陈代谢的差异，茶叶品质有很大差异，体内所含品质成分的量及组成、芽叶的持嫩性、芽叶大小等差异较大。

从茶树一生的品质变化而言，幼年到壮年，新陈代谢不断增强，新梢有效化学成分含量相应增加，品质优良；从壮年到老年，物质代谢水平下降，驻芽的出现增多，品质较次，但衰老茶树通过更新复壮后品质有所回升。

茶树一年中的品质变化，与茶树的生理机能以及外界环境条件密切相关。一般情况下，如制绿茶，春季品质优，夏秋品质次，但制红茶，夏秋浓强度较好。

茶叶品质还因生态条件、树冠培养、种植方式和水肥管理水平而有一定的变化，生态条件优越的高山区，或湖岛上所产的茶叶品质也较好。

总之，茶树立地条件优越，树冠结构培养合理，水肥培养水平高，茶树生机旺盛，体内营养物质贮备充分，新梢生育强度大，有效成分含量高，品质就好。

二、茶叶产量的构成

栽培茶树的目的就是在单位面积上采收量多质优的芽叶。了解茶叶产量的构成因子和茶叶产量的演变特点，有助于采取相应的农业技术措施，结合近期利益和远期效应，发挥最佳的经济效益。

（一）茶叶产量

茶叶产量是指单位面积茶园所获得芽叶的量。茶芽数量和重量是决定茶叶产量的基础。单位面积所采收的新梢数量多，单个新梢重量大，产量高，在保证制茶原料品质的基础上，单位面积产量高，经济效益就高。

就茶叶高产来说，它是一个相对概念，不同时期有不同的要求，不同茶类的要求也不相同。生产名优茶、有机茶，茶园产量自然会低些，但经济效益好，所以高产是以获取最佳经济效益为前提，否则，就算高产，也无实际意义。所以真正意义上的高产应该是在茶树经济年限内长期稳定高产，并且茶叶品质优良，经济效益佳。

（二）茶叶产量的构成因子

茶叶产量是由茶树上采摘下来的芽叶组成的。茶叶产量的高低取决于单位面积茶树上采摘的芽数和芽重。单位面积内芽数愈多愈重，产量就愈高。构成茶叶高产的因子，可归纳为“多、重、早、快、长”五个字。

1.“多”：在树冠采面上可供采摘的芽数多，新梢轮次多，这与树冠面的大小和分枝有关。

2.“重”：同一标准芽叶的重量大，这与茶树品种特性、树龄树势、茶园水肥管理水平密切相关。

3.“早”：在同一条件下每季发芽早，每批采后发芽快，相应新梢轮次多，可采收的次数多，全年可采收的新梢就多，这与品种特性和肥培管理水平都有关系。

4.“快”：新梢从芽萌发到成熟，伸长、展叶速度要快，在生产上，可以通过分批及时采摘促使腋芽萌发，增加全年单位面积上的芽叶数。

5.“长”：茶树一年的生长期要长，全年生长期长短与茶树品种特性及地理环境密切相关。

（三）茶叶产量的演变特点

茶叶产量随着树龄由幼到老、一年中季节气候的变化，发生规律性的演变。

1.茶树年生育周期中的产量变化

在四季分明的长江流域的广大茶区，由于茶树经过秋、冬季和早春的营养积累，茶树体内养分贮备充分，越冬芽发育充分，春季气温温和，雨量充沛，春茶产量一般占全年产量的50%～70%。到了夏、秋茶季节，气温高，几乎年年遇有干旱，水分成为这一季节茶叶产量的制约因子，再加上这时期病虫危害增多，如果施肥等农业技术措施不及时跟上，会加剧这一时期茶叶产量的不稳定性。

茶叶产量的季节性变化，还受栽培技术的强烈影响。有研究表明，喷灌茶园春、夏、秋三茶季的比例分别为1.5：1.3：1.0；而不喷灌的茶园三季茶产量比例分别为2.9：1.9：1.0。留叶时期不同，产量分布也有所变化，如春、秋留叶采，夏留1叶采，春、夏、秋三季茶叶产量比例为40%、25%和35%；但如改为春留1叶采的，三季茶叶产量比例则为43%、27%和30%。

2.茶树总发育周期中的产量变化

茶树种植后，从幼年到壮年，幼体不断扩大，生理机能日益旺盛，有机物的积累不断增加，产量逐渐上升，直至达到产量的最高峰；随着茶树年龄的增长，茶树生理机能逐渐衰退，合成有机物质的能力也随之下降，产量日趋降低。通常在中小叶种茶区，肥培管理较好的茶园4~6年生茶树每亩生产干茶为50~100公斤；10年生左右的茶树，在一般肥培管理条件下，每亩生产干茶可达100公斤以上；15～18年生茶树，每亩生产干茶可达150公斤以上；20年生以上的茶树，产量开始下降，下降的幅度依茶树生长势的不同而不同。管理水平高的茶园，茶树生长势尚旺，产量下降幅度小；反之，下降幅度大。在生产实践中，对于那些生长势弱的高龄茶树，经重修剪或台刈等措施更新复壮后，树势增强，产量仍可回升，但产量的最高峰一般要低于第1个生长周期的产量高峰。

茶树在一年中的产量变化除了受茶树本身生长发育规律制约外，还与茶树品种、生态条件以及培育管理水平密切相关。茶树品种不同，产量变化的情况也不一样。就同一品种而言，在良好的栽培管理条件下，茶树高产期提前，高产持续年限较长；反之，高产期推迟，高产年限短。即使是同一品种同一树龄，因地势不同、土壤差异和地下水位的高低等，产量的变化也是不同的。

在一定限度内，增加茶树种植密度，有利于茶树生产力的提前形成。但茶叶的产量在经过高峰期后，下降的速度往往也较快。茶树的有效经济年限因品种和栽培条件而异，就我国大部分茶区栽培的中小叶种而言，在正常栽培条件下，单产干茶100公斤/亩左右的年限可达50～60年，甚至更长。

第四节　茶叶优质高产的生理生化基础

优质的鲜叶原料，需要依靠优良茶树品种在适宜的生态环境和先进的栽培技术下，通过茶树自身一系列生理生化作用来实现。在茶树固有的遗传特性的基础上，适宜的环境条件和先进栽培措施为茶树的物质积累与转化提供了一个良好的外在条件。

一、茶树的光合特性

光合作用是绿色植物利用光能将二氧化碳和水同化为有机物质的过程。茶树从土壤中吸收的水分和矿物质，从空气中吸收的二氧化碳，利用太阳光能合成有机物质。茶树体内的糖、脂肪、蛋白质、核酸、游离氨基酸、茶多酚、咖啡因等都是光合作用的产物和衍生物。所以，了解茶树的光合作用特性有助于进行生化调控，以达到提高产量、改善品质的目的。

（一）茶树光合作用的基本规律

茶树光合作用包括光能吸收和转为化学能、二氧化碳被同化两个基本过程。

1.茶树的光合速率

茶树光合作用受内、外两部分因素的影响，光合速率差异很大。茶树品种不同，净光合速率差异大。壮龄茶树净光合率高于幼龄和老龄茶树。茶树向阳叶比向阴叶高，上层叶比下层叶高。在新梢中，以成熟新梢中部叶片净光合速率为最高。

2.光合作用的日变化

光合作用强度在很大程度上取决于一天中光、热、水、气的变化。早晨随着光照增强，气温上升，光合作用强度不断提高，上午10时左右达到一天中的高峰；至正午前后，光照、温度虽然继续升高，但光合强度却出现下降趋势；午后，光合作用稍有回升，但随着光照减弱和气温下降，光合作用强度呈现逐渐减弱的趋势。一般而言，全天除中午下降之外，光合作用变化与光照强度的变化明显相关。

3.茶树光合季节变化

研究表明，龙井群体品种在年周期中以7月、8月、9月有效光合强度最高，4月之前较低，10月以后茶树开始进入休眠阶段，有效光合强度降低。幼龄、壮龄和老龄茶树新梢的光合强度皆如此。在年周期中，从春茶茶芽萌动开始，树体的生命活动日趋增强，光合作用也逐渐提高，7～8月达到年周期中的最高峰，以后随着气温下降，光合作用强度也不断下降，当茶树地上部进入休止期而达到最低点。

（二）茶树光合产物的运输、分配与积累

茶树在光合作用过程中形成的碳水化合物，大部分运输到根、茎、叶的生长部位，另一部分则供给呼吸消耗，剩余部分就累积于贮藏器官中。

茶树叶片在生育初期光合能力极低，生长所需的养料和能量靠邻近老叶和根部供给。随着叶片的生长发育，光合能力迅速增强，光合产物除供本身需要外，并有积累，开始向其他新器官运输。茶树生长期，叶片制成的光合产物，在运转方向上具有明显的向顶端转移特性。在茶树地上部生长季节，成熟叶片中光合产物主要运向本身叶腋间的芽叶，也有少量运向上部的侧芽或侧梢。在同一枝条上，主要运向顶芽和中部长势旺盛的侧梢。春、夏、秋茶梢生长期间，根、茎部贮藏的和老叶形成的光合产物，主要向上运转，供给芽梢生长需要。茶树进入休止或休眠时期，地上部枝叶生长停止，根系的生长开始加速，此时光合产物主要向下运转，以淀粉形式贮存于根部，其次运输到茎部。至翌年春梢萌发，根、茎、老叶中光合产物再迅速向芽梢生长部位运转。所以，加强秋冬季茶园管理，对春茶产量形成起了重要作用。

在年周期中，茶树光合产物总量的60%～75%是由上年老叶提供的，22%～38%是当年留养叶提供的，只有2%～3%是茎等其他部分提供的。光合产物的分配比例，约7%用于新梢生长，9%用于建造骨干枝，84%左右被呼吸或其他所消耗。光合产物向各器官的运输与分配直接关系到茶树的生长与经济产量的高低。

二、茶树的物质代谢

茶树是多年生常绿叶用作物。它的一生或每一个年生长周期，在物质代谢方面同其他植物比较，有共性更有个性，如高浓度的多酚类物质、高含量的酰胺类（茶氨酸等）以及多种甲基化黄嘌呤化合物等，这些物质与茶叶的品质密切相关。充分认识茶树物质代谢的特殊性本质，为进行生化调控奠定了基础。

（一）茶树体内主要有机物之间的相互关系

茶树如同其他生物一样，蛋白质、糖、脂肪是代谢的基本产物。蛋白质作为蛋白体的主要成分，在茶树的物质代谢体系中处于关键地位，是控制调节其他物质代谢程度和方向的酶的载体。另一方面，糖和脂肪为蛋白体这一生命存在的方式提供基质和能量，这就是它们的相互制约、相辅相成的关系。

一般而言，强光照、高二氧化碳浓度条件下，多糖、酸类化合物含量高；在弱光，特别是蓝光照射下，糖类、儿茶素含量减少，氨基酸、蛋白质含量增加。所以一般春茶、高海拔区茶、遮阳条件下的茶叶氨基酸、蛋白质含量高；夏、秋茶，光照强，茶多酚含量高，氨基酸、蛋白质含量相对较低。

（二）儿茶素、茶氨酸的生物合成及调控

茶叶中含大量的多酚类是茶树新陈代谢最重要的特征，儿茶素又是多酚类的主体物质，与茶叶品质密切相关。儿茶素的生物量与茶树体内的碳水化合物含量密切相关，光照强度大，茶树体内糖类含量高，为儿茶素的生物合成提供基质，这也就是春茶儿茶素含量较低，夏茶最高，秋茶逐渐减少的原因所在。

茶氨酸是茶树特有的氨基化合物。作为氨基酸库贮备物质的茶氨酸，其浓度受植株部位、生育阶段、环境条件等因素影响。茶氨酸一般约占茶叶中游离氨基酸的40%以上，在茶汤中浸出率可达80%，它与绿茶滋味等级的相关系数达0.787～0.876，可见茶氨酸在茶叶，特别是绿茶品质上的重要意义。茶树体内氨基酸的含量和代谢方向除受茶树品种的影响外，更受外界条件的影响。在茶树生产上，弱

光能增加茶氨酸的含量，儿茶素含量相应减少，强光照则相反；施用NH4-N肥料能促进氨基酸的累积，但儿茶素合成却受到抑制，表明茶树在碳氮代谢的平衡中，茶氨酸具有调节作用。

三、茶树的抗性生理

我国茶区分布广泛，自然环境复杂，冻害、旱热害以及病虫危害等威胁茶树生长，轻则造成茶叶减产、品质下降，重则使茶树死亡。了解茶树对不良环境反应的规律，便有可能提高茶树对不良环境的适应能力。

茶树抗性是茶树对不良环境的适应性和抵抗力。茶树抗性生理是指茶树在抵抗外界不良环境过程中而发生的一系列生理生化变化。就茶树抗性生理而言，目前研究较多的为抗寒生理和抗旱生理。随着无公害茶叶、有机茶叶的生产，茶树抗病虫生理逐渐引起人们的重视。

（一）茶树的抗寒生理

茶树抗寒性是茶树在生长期适应低温胁迫过程中通过自然和人工选择而逐步发展和形成起来的一种形态和生理生化特性，不同的茶树品种对低温胁迫表现出不同的适应能力。了解茶树的抗寒性，对茶树的引种，以及寻求提高茶树抗寒性栽培技术等具有十分重要的理论和实践意义。

1.茶树叶片解剖结构与抗寒性

根据茶树品种的叶片形态和解剖结构，估测品种抗寒性强弱，确定适宜栽培的气候地区。

2.保护性酶类与抗寒性

过氧化物酶（POD）、过氧化氢酶（CAT）、超氧化物歧化酶（SOD）等酶类及其他多种物质（如维生素C、谷胱甘肽）在茶树体内的浓度和活性的高低与茶树抗寒性的强弱有密切关系。研究表明，超氧化物歧化酶、过氧化氢酶的活性可作为茶树品种抗寒性强弱鉴定的指标。

3.生物膜与茶树抗寒性

生物膜是生物体内的细胞与环境间的一个界面结构，在保护生物体的正常生理过程的稳定性上具有重要的作用。研究认为，茶树叶片细胞膜透性不仅随外界温度改变而改变，而且在越冬过程中膜自身也会发生变化以适应低温不良环境，细胞膜忍受低温处理的能力越来越强，茶树的抗寒力也逐渐提高；不同品种抗寒性的差异也表现在细胞膜特性的差异性。

4.生化成分含量与抗寒性

茶树抗寒性与体内水分及糖类的关系密切。研究认为，不同品种茶树的抗寒性与其叶片束缚水的含量密切相关，茶树能根据温度的变化，提前对叶片中水分的形态及含量作出反应，具有一定的自我调节能力。抗寒性强的品种组织束缚水含量高，抗寒性弱的品种组织束缚水含量低。越冬期间，茶树叶片上单糖和双糖及其总含量均随温度降低而升高。可溶性糖的含量显著增加，提高了细胞液浓度，因而增强了植株的抗寒能力。

5.茶树叶片光合、呼吸特性与抗寒性

茶树光合作用及呼吸作用与抗寒性关系密切。研究认为，抗寒的品种在冬季光合作用下降较小，且在早春其光合活力稳定增加；相反，不抗寒的品种冬季光合作用严重受阻，且春季恢复缓慢。茶树在冬季呼吸作用的强弱与抗寒性呈现负相关，抗寒性强的品种其呼吸作用较弱，抗寒性弱的品种其呼吸作用较强。

茶树是一种喜温暖气候条件的多年生叶用植物，在整个生长发育过程中，不可避免地经常受到低温胁迫。茶树通过自身的调节作用，使其形态结构和生理上发生一定的适应性变化，从而能够忍受一定程度的低温胁迫。在茶叶生产上，可以选择耐寒性强的品种，从根本上防止寒害的发生。此外，加强肥培和水培管理、控制树冠高度、茶园铺草覆盖保水保温，均能在一定程度上提高茶树的抗寒力，减少寒害的发生。

（二）茶树的抗旱生理

茶树对土壤含水量有一定的要求，低于一定水平，对茶树产量、品质、生化组成甚至次年的产量都会造成严重影响。

研究认为，新梢水势高低以及水势的变幅大小可作为抗旱性的筛选指标，抗旱性强的无性系新梢水势较高，而抗旱性弱的品种新梢水势较低；脯氨酸作为重要的渗透调节物质，茶树遭受轻度干旱时，游离脯氨酸含量高，则茶树的抗旱性强。新梢中单糖和脯氨酸的增强与茶树的渗透调节有关。茶树体内的过氧化氢酶、过氧化物歧化酶、过氧化物酶酶促保护系统和谷胱甘肽（GSH）、维生素C、维生素E、类胡萝卜素等非酶保护系统，与茶树的抗旱性密切相关。在茶树引种中，过氧化氢酶、过氧化物歧化酶的活性高低，可作为茶树抗旱能力鉴定的指标之一。

水分胁迫下茶树的光合作用能力是植物受胁迫危害程度的直观表现。不同品种间水分胁迫下的净光合速率变化趋势与品种耐旱性强弱是一致的，并与土壤含水量呈正相关。

植物对逆境的适应受遗传性和植物激素两种因素控制，它们可以通过基因控制或代谢作用改变膜系统，提高抗逆能力。水分胁迫过程中茶树叶片脱落酸/玉米素比值和水分利用率可同时作为茶树耐旱性强弱的鉴定指标。

（三）茶树抗病虫生理

利用作物抗病虫性选育优质丰产、抗病虫的良种，是病虫综合防治中的一个重要组成部分。这不仅可以减少病虫的种群数量，保证茶树高产、优质，而且有利于保持自然界的生态平衡。了解茶树的抗病虫机制，为茶树品种的选育和茶树的科学栽培提供科学依据。

1.茶树的抗病性机制

茶树的抗病性机制可分为抗病性、避病性和耐病性三种。茶树的抗病性是指茶树对病原物具有不同程度的抵抗能力。茶树对病原物侵染的抵抗能力强弱因茶树品种的形态学、生理学或生物化学的差异而不同。

在形态学抗性方面，主要是由于茶树的形态、解剖或机能上的特征，阻止或减少了病原物的侵入。如茶树小叶种的叶片结构角质层较厚，栅栏组织有两层，且排列紧密，不利于病原物侵入，对于云纹枯病等叶部病害抗性较强。大叶种的角质层较薄，栅栏组织仅一层或第二层不整齐，排列较疏松，柔软多汁，有利于病原物的侵入与扩展，感病就较重。日本研究茶炭疽病发现，该病菌是从嫩叶背面的茸毛侵入，并随着中间的孔腔进入叶组织，因茸毛周围有营养物质流出，随着叶片变化，茸毛细胞壁渐渐加厚，孔腔被填塞，故病菌只能侵害嫩芽叶。

在生理学抗性方面，植物在代谢过程中能产生抵抗病原物扩展的生理抗性，包括过敏性保卫反应和慢发性反应。过敏性保卫反应是指寄主植物受到病原物的侵染后即可自卫、限制或消灭侵入的病原物。慢发性反应是指抗性品种在受到病原物的侵染后，表现潜育期延长，这是一种相对抗性，是量的抗病性。

在生物化学抗性方面，如茶芽枯病菌对氨基酸的利用率较高，春茶期芽梢中氨基酸含量较其他茶季多，为芽枯病在春芽期发生流行创造了条件。茶树的病毒病害发生比其他作物轻，可能与茶树中多酚化合物的含量有关。茶白星病、圆赤星病在病斑周围形成一圈褐色物质，是多酚类物质氧化成醌类物质抑制了病菌的继续扩展。

茶树的避病性是指茶树感病时期与病原物盛发期不一致，避开了病原物的侵染。如茶芽枯病、茶白星病、茶饼病等都是危害新梢芽叶的病害，当品种新梢伸育期与这几种病原物盛发接近时，就会表现出较严重的感病结果；反之，感病则较轻。

2.茶树的抗虫性机制

茶树的抗虫性机制包括不选择性、抗生性和耐害性。

不选择性是指品种在害虫发生数量相同的情况下，通过化学、物理、机械作用以及物候作用，少被或甚至不被害虫选择或积极地拒斥害虫前来栖息、取食、产卵。如茶树品种中的白毫早、毛蟹、黔湄419、云抗十号等，由于茸毛多而密，螨类发生较少。

抗生性是指昆虫取食具有抗生性机制的植物后，由于植物体内生物化学成分的毒害作用或缺乏必要的营养，使之发育不良，体形变小，体重减轻，寿命缩短，死亡率增加，生殖力受到抑制。酚类物质中的没食子酸和儿茶素对蚜虫有毒；儿茶素尤其是脂型儿茶素对茶红叶螨有忌避作用。

耐害性是指某些植物或品种虽易被害虫取食，害虫也能依借所摄食的食物而存活、繁殖，但耐害性强的植物或品种具有很强的增殖和补偿能力，使所受损失很少。

第五节　影响茶叶优质高产的因子

茶叶产量和品质两者有密切的联系。影响茶叶优质高产的因子很多，但归纳起来包括三个方面：一是茶叶品种特性及其生育状况，二是生态条件，三是栽培技术措施。优良的品种、优越的生态条件、科学的栽培措施为茶树的持续优质高产奠定了基础。

一、茶树品种与茶叶优质高产的关系

国内外茶叶生产发展的实践证明，推广茶树良种，是提高茶叶高产、改进品质、提高茶园经济效益、增强茶叶在国际市场上竞争力的一项经济有效的技术措施。

（一）优良品种能提高茶叶产量

一般而言，在相同的生态条件和栽培技术条件下，不同品种树冠大小、分枝习性、发芽密度、芽叶重量、发芽的迟早与轮次、新梢生育速度等都有显著的差异。优良的品种比一般品种可增产20%～30%，有些甚至更高。

研究认为，高产茶树品种具有如下一些基本特点：

1.树型紧凑，即分枝角度较少。

2.叶片向上斜生，叶片之间不易遮光。

3.叶形椭圆或长椭圆，叶片较厚，大小适中。

4.嫩叶黄绿，老叶浓绿。

5.枝粗芽壮，育芽能力强。

6.光合能力强，呼吸消耗低，净光合作用大的品种积累物质的能力强，生产力高。

（二）优良品种能改进茶叶品质

与茶叶品质有关的诸因素中，鲜叶原料是主要因素。品种不同，其芽叶大小、形态、色泽、茸毛多少不同，内含品质成分的多少和比例不同，酶活性不同，因而其适制性也不同。根据不同茶类对鲜叶原料的不同要求，选择相应的品种，可以显著地提高茶叶品质。如氨基酸含量高的品种适制绿茶；茶多酚与氨基酸的比值（简称为酚氨比）较大者一般适制红茶，酚氨比值较小者一般适制绿茶。

二、生态条件与茶叶优质高产的关系

茶树生长的好坏、产量的高低、品质的优劣，不仅取决于茶树品种及其生育状况，同时也决定于茶园的生态条件，包括土壤、气温、光、水分、纬度和海拔等。

（一）土壤

土壤是茶树生长的基础，从实践来看，优质高产的茶园具有如下特征：

1.土层深厚、疏松。为茶树的根系生长提供一个理想的土壤空间。一般要求有效土层厚度在1米以上，表土层20～30厘米。

2.土壤质地沙、黏适中。这种质地的土壤保水、保肥以及通气透水性能都较好，抗旱能力强，有利于协调茶树生育所需要的水分、空气、热量和养分等因子。

3.土壤pH适宜。优质高产茶园土壤pH在4.5～5.5之间。土壤pH过高，茶树难以生长；pH过低，酸度过大，土壤中水溶性铝易被溶出，积累在根尖，有碍养分的吸收，氮、磷、钾、硫、镁、钙等也会随着土壤酸性化而降低其有效度，土壤结构也会恶化。

4.土壤有机质及养分含量丰富。土壤中所含营养全面、丰富，茶树生育健壮，产量高，品质好；土壤中一旦缺乏某种元素时，茶树就生育不良，影响产量和品质的提高。高产茶园要求土壤有机质含量达到2.0%以上，土壤全氮含量在0.14%以上，碱解氮为15毫克/100克土，速效磷（P_2O_5）为10~20毫克/公斤，速效钾（K_2O）为80～150

毫克/公斤。

（二）气温

茶树新梢对温度极其敏感，温度高，产量也高。茶树生育的适温为25～30℃；但就对品质而论，以25℃以下为好。气温较低时，氮代谢旺盛，蛋白质、氨基酸的合成积累量增大；而气温较高时，由于光合效率高，碳代谢旺盛，有利于茶多酚的合成。

（三）光

光对茶树生育的影响，最主要体现在光照强度和光的性质。在强光照射下的茶树幼嫩芽叶容易灼伤，也易硬化，既影响产量，又影响品质。茶树喜欢漫射光，直射光过多对茶树不利，生长易受抑制，破坏原生质和叶绿体。光照强度过大，超过饱和点时，茶树光合速率下降，物质代谢也将受到影响。

（四）水分

水分对茶叶产量品质的影响也很深远。在生长期中，产量高低与雨量多少一般呈正相关，水分充足，茶树体内促进物质合成的酶的活性高，代谢旺盛，有利于品质成分的形成，茶叶品质较好。

（五）区域、地势

区域、地势对茶叶产量品质也有相当大的影响。纬度较高的北方茶区或海拔较高的高山茶区，因气温较低，有利于茶树体内氮的代谢，鲜叶中氨基酸含量较多，茶多酚含量较少，适于采制绿茶；反之，低纬度的地区或海拔低的平坦地茶区，气温高，热量丰富，鲜叶中茶多酚含量较多，适宜于采制红茶。

三、栽培技术与茶叶优质高产的关系

栽培技术包括施肥、灌溉、采摘、耕作、防治病虫害等。

（一）施肥

施肥对茶叶产量品质的影响在栽培管理中居于首位。

1.氮素

从三要素来看，氮素充足，茶树的生理活性加强，营养生长旺盛，嫩度高，能获得较高的产量和品质。氮素直接参与氨基酸、生物碱、苷及多种维生素的合成过程，对绿茶的香气、滋味、鲜爽度及汤色都有良好的影响。研究认为，在每亩施纯氮50公斤的范围内，芽叶中叶绿素和氨基酸的含量，随着氮肥用量的增加而提高。但单施氮肥或过多的氮肥会使茶树光合作用的糖类大部分用于合成蛋白质，限制了一部分糖类向多酚类转化，结果使多酚类和水浸出物的含量降低，从而影响红茶发酵，降低品质；氮素不足，叶色枯黄无光泽，芽叶细小，大量出现对夹叶，叶质粗硬，品质下降。此外，氮肥形态不同，对鲜叶化学成分的影响也不一样，铵态氮肥能有效地提高鲜叶中氨基酸的含量，硝态氮肥的效果则不如铵态氮肥好。

2.磷

磷的营养与光合作用、呼吸作用及生长发育均有密切关系，对产量品质亦有重要的影响。磷素可增加多酚类含量，特别是没食子儿茶素的增加，对红茶色、香、味有良好作用。氮、磷配合施用时能适当增加蛋白质含量，有利于提高绿茶品质。

3.钾

钾在茶树体内的流动性很大，它能帮助和促进糖类的合成、运送和贮存，对吸水和蒸腾有较好的调节作用，可提高茶树抗逆性。钾还有助于磷的吸收和转化，在氮、磷的基础上增施钾肥可显著增产。钾能加强光合作用，使多种酶的活性增强，对蛋白质代谢有影响，钾肥充足时，能促进根系对氮的吸收，而形成较多的蛋白质，增进品质；缺钾会抑制糖转化为淀粉，妨碍蛋白质的合成。

（二）水分

水分关系到茶树新陈代谢的强度和方向，也影响茶叶中各种有机物的形成和积累，对产量品质的影响也极大。早期灌溉可增产一成至几成，甚至1倍以上。同时水分充足，酶的作用趋向合成，有利于有机物质的积累，从而提高氨基酸、咖啡因、蛋白质的含量，提高品质；反之，缺水时酶的分解方向加强，使茶叶内的有效成分降低，特别是加速糖的缩合，纤维素含量增加，茶叶粗老，影响茶叶品质。

（三）修剪

茶树修剪是培养高产树冠、刺激新生芽叶生长和抑制花果发育的必要措施。茶树修剪后，新陈代谢加强，同化作用增强，正常茶叶增多，嫩度提高，茶多酚、水浸出物增加，既提高产量，又增进品质。重修剪、台刈后，由于茶多酚总量增加，制绿茶增加苦涩味，对高级绿茶品质有所影响；由于酯型儿茶素含量下降，对红茶发酵较为不利。但这种影响时间较短。

（四）采摘

采摘对产量、品质的影响最直接。在茶树不同的生育阶段或在年周期中不同的季节，利用不同的采摘技术合理采摘，可增加轮次，调节茶树生长与芽叶产量和质量之间的矛盾，实现长期的高产优质。

（五）茶树保护

茶树保护使茶树能安全而顺利地生育，促进新梢生长，是获得多而重的芽叶的促进措施之一。耕作、病虫害防治和抗旱防冻是茶树保护的主要环节。

第二章 绿色有机茶园建设与管理

第一节　环境质量要求与建园目标

一、环境质量要求

（一）绿色食品茶叶

绿色食品茶叶生产的环境质量要求包括空气环境质量、灌溉水质、土壤环境质量三方面，绿色食品茶叶生产基地应选择在无污染和生态条件良好的地区，应远离工矿区和公路铁路干线，避开工业和城市污染源的影响，同时还应具有可持续的生产能力。

1.空气环境质量要求

绿色食品产地空气中各项污染物含量不能超过表2-1 所列的指标要求。

表2-1　空气中各种污染物的指标要求（标准状态）

项 目	指标	
	日平均	1小时平均
总悬浮颗粒物（TSP）毫克/米^3	≤0.30	——

续表

项 目	指标	
	日平均	1小时平均
二氧化硫（SO_2）毫克/米^3	≤0.15	≤0.50
氮氧化物（NO_2）毫克/米^3	≤0.10	≤0.15
氟化物（F）微克/米^3	≤7	≤20

注：1.日平均指任何一日的平均指标。
2.1小时平均指任何一小时的平均指标。
3.连续采样三天，一日三次，晨、午和夕各一次。
4.氟化物采样可用动力采样滤膜法或石灰滤纸挂片法，分别按各自规定的指标执行石灰滤纸挂片法挂片7天。

2.农田灌溉水质要求

绿色食品产地农田灌溉水中各项污染物含量不能超过表2–2所列的指标要求。

表2–2　农田灌溉水中各项污染物的指标要求

项 目	指标（日平均）
pH	≤5.5～8.5
总汞,毫克/升	≤0.001
总镉，毫克/升	≤0.005
总砷，毫克/升	≤0.05
总铅，毫克/升	≤0.1
六价铬，毫克/升	≤0.1
氟化物，毫克/升	≤2.0
粪大肠菌群，个/升	≤10000

3.土壤环境质量要求

绿色食品产地各种不同土壤中的各项污染物含量不能超过表2–3所列的限值。

表2–3　种植绿色食品茶的茶园土壤各项污染物含量要求

项 目	指标		
pH	<6.5	6.5～7.5	>7.5
汞（毫克/公斤）	≤0.25	≤0.30	≤0.35

续表

项目	指标		
镉（毫克/公斤）	≤0.30	≤0.30	≤0.40
砷（毫克/公斤）	≤25	≤20	≤20
铅（毫克/公斤）	≤50	≤50	≤50
铬（毫克/公斤）	≤120	≤120	≤120
铜（毫克/公斤）	≤50	≤60	≤60

（二）有机茶

有机茶生产需要在适宜的环境条件下进行，有机茶生产基地应远离城区、工矿区、交通主干线、工业污染源、生活垃圾场等。

1.环境空气质量要求

种植有机茶的茶园环境空气质量应符合GB 3095-1996中二级标准，见表2-4。

表2-4 GB 3095—1996环境空气质量二级标准

污染物名称	取值时间	二级标准	浓度单位
二氧化硫SO_2	年平均	0.06	毫克/立方米（标准状态）
	日平均	0.15	
	1小时平均	0.50	
总悬浮颗粒物TSP	年平均	0.20	
	日平均	0.30	
可吸入颗粒物PM10	年平均	0.10	
	日平均	0.15	
二氧化氮NO_2	年平均	0.08	
	日平均	0.12	
	1小时平均	0.24	
一氧化碳CO	日平均	4.00	
	1小时平均	10.00	
臭氧O_3	1小时平均	0.20	
铅Pb	季平均	1.50	微克/立方米（标准状态）
	年平均	1.00	
苯并（a）芘BaP	日平均	0.01	
氟化物F	月平均	3.0	微克/（平方分米·天）
	植物生长季平均	2.0	

2.土壤环境质量要求

种植茶树的茶园土壤环境质量应符合GB 15618中的二级标准，见表2–5。

表2–5　GB 15618土壤环境质量二级标准值

项目	二级	
	pH< 6.5	pH6.5～7.5
镉（毫克/公斤）	≤0.3	≤0.3
汞（毫克/公斤）	≤0.3	≤0.5
砷（毫克/公斤）	≤40	≤30
铜（毫克/公斤）	≤150	≤200
铅（毫克/公斤）	≤250	≤300
铬（毫克/公斤）	≤150	≤200
锌（毫克/公斤）	≤200	≤250
镍（毫克/公斤）	≤40	≤50
六六六（毫克/公斤）	≤0.5	
滴滴涕　（毫克/公斤）	≤0.5	
1.金属（铬主要是三价）和砷均按元素量计，适用于阳离子交换量>50毫摩尔（+）/公斤的土壤，若≤50毫摩尔（+）/公斤，其标准值为表内数值的半数。 2.六六六为四种异构体总量，滴滴涕为四种衍生物总量。		

3.灌溉用水水质要求

茶园灌溉用水水质符合GB 5084规定的农田灌溉用水水质基本控制项目标准，见表2–6和表2–7。

表2–6　GB 5084农田灌溉用水水质基本控制项目标准值

序号	项目类别	旱作指标
1	五日生化需氧量/（毫克/升）	≤100
2	化学需氧量/（毫克/升）	≤200
3	悬浮物/（毫克/升）	≤100
4	阴离子表面活性剂/（毫克/升）	≤8
5	水温/℃	≤25
6	pH	5.5～8.5
7	全盐量/（毫克/升）	≤1000[c]（非盐碱土地区），2000[c]（盐碱土地区）
8	氯化物/（毫克/升）	≤350

续表

序号	项目类别	旱作指标
9	硫化物/（毫克/升）	≤1
10	总汞/（毫克/升）	≤0.001
11	镉/（毫克/升）	≤0.01
12	总砷/（毫克/升）	≤0.1
13	铬（六价）/（毫克/升）	≤0.1
14	铅/（毫克/升）	≤0.2
15	粪大肠菌群数/（个/100毫升）	≤4000
16	蛔虫卵数/（个/升）	≤2

表2-7 GB 5084农田灌溉用水水质选择性控制项目标准值

序号	项目类别	旱作指标
1	铜/（毫克/升）	≤1
2	锌/（毫克/升）	≤2
3	硒/（毫克/升）	≤0.02
4	氟化物/（毫克/升）	≤2（一般地区），3（高氟区）
5	氰化物/（毫克/升）	≤0.5
6	石油类/（毫克/升）	≤10
7	挥发酚/（毫克/升）	≤1
8	苯/（毫克/升）	≤2.5
9	三氯乙醛/（毫克/升）	≤0.5
10	丙烯醛/（毫克/升）	≤0.5

二、茶园建设目标

茶园建设要坚持高标准、高质量的原则，以优质高效为核心，实现茶园园林化、生态化、良种化和机械化。

（一）茶园园林化

结合各地区的茶产业区域规划，以水土保持为中心，充分利用现有的自然条件，建设园林化茶园。根据园区地形地貌，营造防护林、防风林、遮阴树。防护林可以保持水土，改善小区域气候，冬季减轻大风和严寒的侵袭，夏季增加空气湿度，减少茶地水分的蒸发，有利于茶树生长，提高茶叶产量和质量。夏季日照强烈，常有伏旱发生的地区，还应在茶园的梯坎和人行道上适当栽种一些遮阴树，但不可栽种过密，更不能种在茶行里，树冠应高出地面2.5米以上，以免妨碍茶树的生长。防护林一般种在茶园周围、路旁、沟边、陡坡、山顶以及迎风的地方。防护林的树种选择以高干树和矮干树搭配为宜，其次还要考虑适应当地气候条件、生长较快的和有一定经济价值的树木，另外还要考虑落叶对茶园机采的影响。一般采用杉树、油茶、桉树、油桐、乌桕、女贞、香樟、棕榈等作为防护林木。（彩图2-1：茶园园林化、彩图2-2：新建茶园园林化）

（二）茶园生态化

新建茶园都应力争实现茶园生态化，即在实现茶园园林化的基础上，有目的地造就一个良好的人工茶园生态系统，使之既能充分满足茶树生长所需要的最佳生态环境，又能实现茶园病虫害生态调控，从而为实现茶园无害化治理创造良好的生态环境基础。

茶园生态化涉及的内容比较广泛，包括茶园生态系统、茶园植物多样性与动物多样性的关系、生物多样性在茶园生态系统的重要作用等内容。

1.茶园生态系统类型

茶园生态系统属人工生态系统，也是农业生态系统之一。茶园生态系统没有统一固定的模式，常见的模式有单植茶园生态系统、农茶混植生态系统、果茶模式生态系统、林茶模式生态系统、林茶草模式生态系统等，可以根据当地的实际情况结合茶园生态系统的主要功能，在科学的基础上灵活地营造各具特色的茶园生态系统。

（1）单植茶园：此类茶园多数是开荒植茶而成，茶园植被单一，物种多样性差。单植茶园生态系统中，昆虫种类单一，优势种突出，这是导致单植茶园病害猖獗的重要原因。同时，在单植茶园中，初级生产者几乎只有茶树，对光、水热、营养的利用效率也较低，特别是对于土壤元素和营养的利用明显较为单一，茶树大量集中地吸收同一类型的土壤营养元素，导致土壤矿质元素循环和营养平衡失调，相应的根际微生物的种类和群落结构也因此发生不良变化。根际微生物是活化土壤营养、促进土壤元素循环的重要生物，它不仅可以改变土壤的肥力，而且还能分解植物残体和根系分泌的毒素。这也是单植茶园进行品种更新时，土壤忌地残毒现象十分严重，影响新植茶苗生产的原因之一。

因此，单植茶园的最大缺点是缺乏植物多样性和相应的动物多样性，昆虫优势种突出，生物控制和生态控制都难以实现。

（2）农茶混植茶园：主要是在幼龄茶园中，为了提高茶园覆盖度，减少水土流失，并保护幼龄茶树在高温季节免受阳光曝晒，适当间种一些农作物。

农茶混植模式中，生物多样性十分复杂，农作物本身带有的昆虫群落随之进入茶园，形成新的群落，各方占特定的生态位或生态空间。在农茶混植模式中，幼龄茶园中套种绿肥，茶园间作绿肥，既要使绿肥高产优质，又不妨碍茶树本身的生长发育，因此，必须合理间作，掌握好栽培技术（套种方式见第三章第一节）。

（3）果茶混植茶园：果树与茶树混植是当前新辟茶园和老茶园改造中的常见模式。常见的果茶生态系统包括“桃树+茶树”系统、“苹果树+茶树”系统、“梨树+茶树”系统、“杨梅+茶树”系统、“柑橘+茶树”系统等。在果茶生态系统中，每2～3行茶树（1.6～2.0米）栽1行果树，果树株距4～5米。果树生长5年后，茶园的荫蔽度可达20%～40%；10年后果树树冠扩大，茶园荫蔽度增加。

果茶系统中生态位比单植茶园扩张很多，立体生态位远远高于单植茶园。但由于摘果、剪枝等管理活动，大大增加了系统的干扰，特别是果树病虫害的防治，增加了用药量，使茶树上沉积的农药增加，也导致果茶系统中的螨类、叶蝉、蚧类发生量较高。

（4）林茶生态茶园：林茶混植是近几年退耕还林中新开辟茶园的重要栽培模式。老茶园也可周围种植林木，以改善生态环境。林木种类包括杉树类、松树类及桤木、杜仲、厚朴、银杏、梧桐、黄柏等。林木直接有序种于茶园中，其密度视树冠和林木的大小而定。此类茶园成林后荫蔽度很高，可达60%～80%，园内温度比单植低2～5℃，湿度高10%以上。系统内生物多样性十分复杂，林木昆虫、茶园昆虫混植一处，鸟类和捕食性禽类也增加，构成了相当复杂的群落结构。

林茶混植系统对于改变茶园生态系统的功能、结构、能量循环有十分重要的作用，其技术性也相当强。首先要考虑树木品种、高度、树冠面积、营养需求、水肥要求等，其次要考虑林木自身病虫害种类与茶树的关系。

另外，如果用林木把单茶园隔离成小块茶园，形成林茶嵌合系统，这样的系统具有很高的抗逆性。这种方式对茶树的营养影响小，不与茶树争水、争肥，又能保证茶园湿度，提高荫蔽度，降低风速对病虫害的传播，对保护生物多样性、遗传多样性及缔造生态多样性、景观多样性都有十分重要意义。

（5）循环型生态系统：这是一种按照能量流动和物质循环的农业生态系统。充分利用系统中的废弃物质，提高能量的转换率和资源利用率，防止污染。主要有“茶—牧（禽）—沼”模式。

（6）综合型生态系统：复合生态型和循环型的有机结合，是一种适度投入、高产出、少废物、无污染、高效益的模式。主要有“茶—畜—草”、“林—茶—牧”等模式。

2.茶园生态多样性

茶园生态多样性指茶园生态系统的生态条件、生态环境的多样性。茶树对环境有较强的适应性，可以生活在不同水热条件、不同海拔、不同经纬度的环境之中，这是导致生境多样性的基础。低海拔（低于100米）的茶园，水热条件好，环境中植被丰富，昆虫种类多，冬季休眠短，繁衍代数多，种群数量也大量增长。海拔高于800米的山地茶园，紫外光增强，热量下降，云雾增加，湿度增加，形成高山茶园特有的生态环境。茶芽萌动时间推迟，茶树休眠时间提前，冬季休眠时间延长，积温减少，昆虫可生长发育的时间相应缩短，每代周期增长，繁衍代数减少，使昆虫种群数量降低。一般而言，昆虫的多样性随茶园海拔高度的增加而降低。

在同一海拔高度上，昆虫多样性随茶园生态系统中植被的复杂化而增加。在相同的外界条件下，茶园中的昆虫多样性为林茶系统>农茶系统>单植茶园系统。

茶树品种的多样性是构成茶园生态多样性的重要组成部分。品种的抗虫性来源于品种间的生物多样性，如叶片的大小、厚度、硬度、茸毛、颜色等。茶树在生长过程中产生的分泌物对昆虫或其他植物可能有排斥作用，茶树体内的氨基酸、茶多酚、咖啡因等生化成分的组成对一些昆虫有一定的诱集或排斥作用。

3.茶园植物多样性在生态系统中的作用

植物是茶园生态多样性组成的基础生物，植物多样性为动物提供了生态空间、生态环境，增加了营养的多样性。植物的多样性还直接或间接地改变了动物的生态条件，包括光、热、立、风等，从而产生了生态多样性。复杂的生态多样性自然为更多的动物生存、栖居、繁衍提供了条件。

（三）品种良种化

茶树品种是决定茶园产量、鲜叶质量和成品茶品质的最重要因素。优良的茶树品种是优质高产的前提，与一般群体品种相比，同样的肥培管理水平下良种可增产20%～30%，同样的采摘和加工技术，品质要提高1～2个等级。因此，在建园时，首先考虑选择优良的茶树品种，充分发挥茶树良种的作用。要根据实际生产的茶类，结合各地生态条件确定主要栽培品种及搭配品种，合理利用不同良种的特点，扬长避短，充分发挥不同茶树良种在产量、抗性、适应性及品质特征等方面的综合效应。

（四）管理机械化

茶叶属劳动密集型产业，同时生产的季节性很强，季节性劳动力需求较大，随着经济的发展，农村劳动力逐渐向城镇转移，许多经济落后的边远山区劳动力输出和转移较大，劳动力缺乏已是许多茶区面临的问题。在建园规划时，要根据当地的实际情况，尽可能考虑茶园机耕、机剪、机采的要求，力争实现茶园耕作和修剪采摘等管理机械化，以提高管理工效，降低劳动强度和生产成本。

第二节　茶园规划与开垦

栽培茶树的目的是获取高产优质的鲜叶，除茶树品种与生态环境外，栽培技术的先进性、科学性、合理性和适时性也很重要。茶园建设对茶叶的产量和品质具有决定性的意义。因此，新茶园建设应始终围绕茶叶优质高产和提高劳动生产效率这两个中心问题来进行，其内容主要包括园地选择和规划、茶园的开垦、品种选择和种植。

一、园地选择

茶树是多年生常绿植物，一次栽种，多年收益，有效经济年限可维持40～50年，生长年限可以是几百年，因此，基地选择显得尤为重要。

（一）土壤要求

土壤是茶树的立地之本，茶树生长的优劣与土壤条件关系密切，只有选择适宜的土壤，才能有效促进茶树生长，实现提早成园、优质高效的目的。

1.土壤的基本要求

茶树是喜酸嫌钙的植物，茶树对土壤酸碱度的要求特别严格，在中性或碱性土壤中都难以成活，其最适土壤的pH为4.5～6.5，有映山红、马尾松、铁芒萁等酸性植物生长的地方是适于种植茶树的标志。土壤中游离碳酸钙超过1.5%时，对茶树就会产生一定程度的危害，凡石灰性紫色土和石灰性冲积土都不适种茶。土壤质量要求见本章第一节相关内容。

2.土壤性状

新植茶园土壤应选择自然肥力高、土层深厚、质地疏松、通气性良好、土体中又无隔层、不积水、腐殖质含量高的。土壤容重1～1.2克/立方厘米，心土与底土土壤容重1.2～1.4克/立方厘米，土壤孔隙度（表土）50%～60%，心土和底土土壤孔隙度45%～55%，0～45厘米平均透水系数10^{-3}厘米/秒。

3.土壤养分

绿色和有机茶园的土壤要求养分丰富而平衡。具体要求见第三章第一节。

（二）地形地势要求

无论是在山区、半山区或低丘陵地区，必须选择适宜的地形发展茶园。一般30度以上的陡坡地不宜开垦种茶，山脚下的平地易积水，也不宜种茶，与稻田等农作物接壤的地也不宜种茶。最好选择5度～25度坡地或丘陵为宜。

（三）周边环境要求

建园地的周边环境也是建园前应注意的条件之一，茶叶从采摘到饮用前都不经过任何清洗，因此，要求种植地的周边环境应没有任何污染和尘土，对大气质量、土壤环境、基地地表水、地下水有一定要求，具体要求见本章第一节相关内容。

（四）交通条件

除土壤、周边环境和地形以外，交通条件也是应考虑的一个重要因素，深山老林，植物种类繁多，气候适宜，种植茶叶品质优良，但交通不便，茶园管理、采收、加工等存在诸多不便，也不宜发展茶园。

二、园地规划

茶园建设是一项系统工程，成功与否，在园地选定后，规划是关键。规划的原则是科学化、规范化、系统化。园地的整体规划包括道路的设置、划区分块、排蓄水系统的设置、生态系统的配置等内容。

（一）设置道路、划区分块

为茶园管理、各种作业的操作和运输方便，应根据需要设置不同规格的道路。各级道路之间以及道路与作业区、防护林、排灌系统、机械管理等应相互结合，形成茶园道路系统。一般分为主干道、支道、操作道、环园道。道路的设置，既要便于茶园管理和运输畅通，又要尽量缩短路程，少占园地面积。据各地成功经验，道路占地面积应控制在占茶园土地总面积5%左右较为适宜。

1.主干道

900亩以上的茶园要设立主干道。主干道是茶园的交通要道，是连接各生产区、制茶厂和场（园）外公路的主道，要求能通行汽车和拖拉机，一般路宽8~9米，纵向坡度小于6度，转弯处的曲率半径不小于15米，能供两辆卡车相对行驶。面积在900亩以下的茶园，不必设置主干道，但需将场部与附近公路连接段按主干道规格修筑。在主干道两边应开设水沟，种植以常绿乔木为主的行道树。

2.支道

根据地形、地势和茶园面积大小设置，作为茶园划区分片的界线，是园内运输、机具下地和园内小型机具行驶的主要道路，与主干道相互连接。一般路面宽度4~6米，面积较小的茶园，因不设立主干道，支道实际上成为园内的主干道。

3.操作道

为茶园划块的界线，是从支道或主干道通向茶园地块的道路，与茶行垂直或成一定角度相接，作为下地作业与运送肥料、鲜叶等物质进出茶园使用。路面宽度1.5米。两操作道之间的距离宜设在50～100米之间，若接近100米，也可在每块茶地中段设置宽0.5～1米的流线型沟，以利操作人员往来。

4.环园道

设在茶园四周的边缘，作为茶园与周围农田、山林及其他种植区的分界线，防止水土流失及与园外的树根、竹根等侵入茶园。环园道可与主干道、支道、操作道相结合，路面宽度不完全一致。专设的环园道一般宽为1.5米。

（二）功能区布局

以地形或各级道路、水利系统为界线对茶园进行划区分块，目的是便于茶园日常管理。茶园划区分块的规划，应结合水利系统和茶园生态系统来建设。在有风害的地区，应特别考虑防护林带的设立和走向，做到因地制宜，科学规划。

1.生产作业区

根据茶园面积及地形情况，按照主、支道分布将全部茶园地块划分为若干生产作业区，作为一个综合的经营单位。

2.作业片

每个生产作业区，结合支道，按自然地形或将地形有明显变化的地块分别划分为若干个作业片。划片是为了便于田间管理和茶行布置，如一个独立的自然地形或一个山头，可以划成一片。

3.作业块

每个作业片按照茶园面积大小再划分为若干作业块，这对茶园地块的定额管理，以及产量、肥料、农药等各项指标和措施的落实都是必要的。平地和缓坡地的茶园地块应尽可能划成长方形或的近长方形，适当延长地块长度，以利于机械操作。确定茶园地块大小，主要从茶园管理是否方便，地形条件是否复杂进行综合考虑，一般在10亩左右，茶行长度为50米左右为宜，过长或过短都不利于机械操作。

（三）排蓄水系统的设置

茶园的水利系统应包括蓄、排、灌三个方面，应结合茶园道路的规划，把沟、渠等水利设施统一安排，做到沟渠相通，渠、塘、池、库相互连接。新茶园设计时，水利设施既要考虑雨多能蓄、涝时能排、旱时能灌，同时又要尽量减少和避免水土流失，建立一套设有隔离沟、纵沟、横沟沉沙坑、蓄水池组成的排、蓄水系统。

1.渠道

分主渠和支渠，主要作用是引水进园，蓄水防冲和排除径流。在平地或缓坡茶园内，渠道可沿茶园干道和支道设置，其宽深度视需水量和排水量而定。在山地茶园中，渠道应沿等高线开设横渠道，并保持一定的倾斜度，其比降为0.2%～0.5%（即每百米高差为20～50厘米）。为了扩大灌溉面积，坡地茶园环山渠的位置应设在茶园上方。根据地形地势的不同，可设明渠、暗渠和拱渠，两山之间可采用渡漕或倒虹吸管连接。

2.主沟

是茶园内连接渠道和横排（灌）水沟的纵沟。降雨量大时能汇集横沟和园内支沟的水引出园外；在需水时，又是灌溉用水的通道。平地茶园与主干道、支道平行开设。在山地梯级茶园，应与支道或步道相结合开设主沟。主沟的宽度和深度根据流水量多少和土壤质地决定，一般沟深0.4～0.5米，沟面宽0.67～1.0米，沟底宽0.3～0.5米。沟内每隔一定距离应用石块砌成拦水坝，坝高略低于沟边，坝的中央部分分别做成凹形，以利于减缓水速，拦积泥沙。

3.支沟

蓄水为主，排除多余的雨水，并和主沟连接。平地和缓坡地可沿步道设置，和主沟垂直或成一定角度相交。在山地梯级茶园内与主沟斜交相接，与茶行平行，一般沟深0.26～0.33米，宽0.4～0.5米。

4.隔离沟

又称拦山堰、截洪沟，设在茶园上方与荒山陡坡交界的地方，其作用是隔绝山坡上的雨水径流，使之不能侵入茶园，冲刷土壤，防止林木根系伸入茶园内。山坡上的隔离沟应沿等高线开设，沟的深度视坡度、雨量大小、集水面积而定，一般沟深0.5～1.米，宽0.4～0.6米，在茶园的下方与农田交界处设置拦水沟，以免山洪冲毁山脚下的农田。两端与天然沟渠或主沟相连或开人工堰沟，以便于沟水直接引出茶园。

5.沉积坑

是指在纵横沟中每隔1.6~3.3米挖一个沉沙坑，深、宽各30~45厘米，长60~70厘米。其作用是沉沙走水，保土保肥，并可减缓水流速度；如果坡度陡、水量大、土质疏松，应多挖一些沉沙坑。在横沟和纵沟交接处，以及梯级纵沟的流水降落处，都要挖一个沙坑。道路两侧纵沟中的沉沙坑要错开位置，以免影响路基的牢固，大雨后要经常把沉沙坑中的泥沙挖起，挑回茶园培土。

6.蓄水池

供茶园施肥、喷药、灌溉之用，一般每5~10亩茶园要有一个蓄水池。水池与排水沟相连接，进水口挖一个沉沙坑，以免池内淤积泥沙，最好在水池附近修一个肥料池，以便取水沤泡青草肥。对于规模较大的茶场或茶园，还应修建山弯塘堰，以保证生产和生活用水。山弯塘尽量设在地势较高的地方，以便于自流灌溉。

地下水位高的茶地，要开排除积水的水沟。这种水沟有明沟和暗沟两种，明沟沟深要超过1米，暗沟则在1米以下的土层中，按照自然地形，有石块或砖块砌成。有的地方在上述砌沟部位，铺上卵石或碎砖头，隔离地下水，可以达到良好的排水目的。

排水、蓄水系统要有一个整体规划，使各组成部分互相联系贯通，做到能排、能蓄、能灌，以发挥最大的效用。

（四）生态系统的配置

茶园生态系统配置的主要目的是增加茶园的生物多样性，包括植物多样性和动物多样性，其途径是通过茶园植物多样性的配置，诱发动物多样性的自我配置，最终形成并维持茶园生态系统生物多样性的稳定性。在生态系统配置的植物种类应从以下几个方面综合考虑。

1.配置植物具有生态增容作用。茶园配置植物种类应当高于茶树，其叶层或树冠层应远远高于茶篷层，以避免新增植物与茶篷篷面在水平位置上的竞争。宜考虑林木类，又宜以乔木为主。乔木类植物较茶树高至少几米，可以大大扩充茶园立体生态位。

2.新增林木种类的营养需求，应有别于茶树对营养的需求，以减少物种间的营养竞争。

3.新增植物具有荫蔽、调温湿、防风沙等调节茶园小气候的物理作用。

4.有目的地增加特种植物，达到控制病虫害的目的。

5.新增植物要适应生产需要，即不能为了增加生物多样性而影响茶叶生产，导致本末倒置。

6.新增植物与茶树之间的种植方式最好是有序混植，密度合理，便于茶园生产。

7.适当增加茶园内的茶树品种多样性。

三、园地开垦

在搞好茶园规划设计，确定布局以后，即可进行茶园的开垦工作。茶园开垦的目的是为茶树生育创造良好的土壤环境和地形条件。茶园的开垦一般可分为清理地面、建园初垦、修筑梯田和深耕改土四个步骤。

（一）清理地面

开垦前先将荒地内的灌木、荆棘、杂草等障碍物清除，晒干后堆积起来，运出园外或是烧成火土灰供作肥料。保留主道、沟渠两边及茶地边缘、山顶、山脚等不宜植茶地段的树木，同时配合修筑道路、调整地形、划分茶园地块，减少园地开垦的工程量。清理地面时，切勿放火烧山，以免烧毁附近林木。（彩图2-3：平整地面）

（二）建园初垦

初垦一年四季均可进行，以夏、冬季较为适宜，初垦翻耕深度要求达到50厘米左右。

1.平地及坡度小于15 度的缓坡

根据道路及水沟的位置分段进行，沿等高线横向开垦，以使坡面相对一致。如果坡面极不规则，则应按“大弯随势，小弯取直”的原则开垦。

2.坡度15度以上的陡坡地

必须首先考虑拦截雨水、蓄水保墒、防止水土流失等问题。修筑梯田，是解决这些问题的有效措施。修筑梯田时，肥沃的表土，应当尽可能保留在梯面，所以修筑梯地最好先从山脚最下一条等高线筑起，当下面一层梯面做好后，再将上层的表土向下翻移，就要可使大部分表土保留在梯层表面，以利茶苗生长。每层梯面修好后，都要随即深挖40～50厘米（梯坎不挖），然后再铺表土。等到各层梯地修筑完毕，再把规划好的茶园道路连接起来，并在路边和梯地内侧挖好排水沟和沉沙坑。

（1）梯地尽可能保持等高水平，梯面宽度最好大致相等。但在地形复杂、坡度不一致的情况下，做到等高就很难做到等宽，两者相比，主要要求做到等高，适当注意到等宽。修砌梯坎时，要看山势，大弯随弯，小弯取直。

（2）梯面宽度如种一行茶要达到2米左右，如种两行要达到3米以上。

（3）为使梯坎牢固持久，梯壁要保持一定的倾斜度，一般以60度～70度为宜；梯面外侧略高于内侧成反坡形；梯壁的杂草只能用镰刀割除，不能用锄头铲除，以免铲掉梯壁的泥土；梯坎边和梯壁上可种紫穗槐、金针菜等宿根植物，以巩固梯坎。

（4）必须修好茶园道路和排水、蓄水系统，做到梯梯接路，沟坑相通。

（5）注意梯田的护理，防止梯壁崩垮和减轻梯壁的自然侵蚀。除在修修梯田时注意质量外，在修好后要及时清理排水沟，防止淤积，如发现崩垮现象，要及时整修。

3.熟地开垦

原为茶园或其他农作物的熟地开垦，应考虑忌地残毒对茶树幼苗的影响。忌地残毒是指在同一田块连续多年种植同一种作物，导致植物生长、发育障碍，甚至早衰、死亡等，人们把这种现象称之为忌地残毒或连作障碍。在多年种植的茶园，需要更新茶树品种时，忌地残毒现象则成为茶园更新的重要问题。因此，熟地开垦必须采取深翻土地、增添新土改变土壤结构、土壤消毒、休闲或轮作一季、茶树与其他植物混植等措施来控制忌地残毒对新植茶树的危害。

（三）复垦及深耕改土

复垦宜在茶树种植前进行，深度30~40厘米，进一步清除树根、草根、杂草等杂物，碎土整平，以备移栽茶苗。

新垦荒地在茶树种植前，必须进行深耕，以改善土壤结构，提高通气透水性能，促进土壤熟化，为茶树根系生长创造良好条件。生荒地一般要进行两次深耕，每一次深耕称为初垦，要求全面深挖50厘米以上，并将土层内树根、茅草根、竹根、石块等清除干净。初垦时翻起的土块不必打碎，以利风化。梯式茶园的初垦工作在修筑梯地进行。要注意梯田内侧的深耕，因为内侧土层的土壤已被挖取填充到外侧，所以内侧的熟土层较薄，必须搞好深耕，促进生土熟化，才能使茶树根系分布均匀，生长得好。在茶苗种植前还要进行一次复垦，要求挖深20～30厘米，并将土块打碎，整细耙平。新开垦的荒地，有机质比较缺乏，所以在茶树种植前，最好先种一次绿肥、豆类等短期作物，以熟化土壤，培养地力。

第三节　茶树品种选择

茶树品种是茶园优质高产的基础，而且茶树是多年生作物，一次栽种，几十年不变，因此茶树品种的选择也是新茶园建设的关键工作之一。

一、种苗要求

（一）几个概念

1.无性系

以茶树单株营养体为材料，采用无性繁殖法繁殖的品种（品系）称无性系品种（品系），简称无性系。

2.扦插苗

以枝条为繁育材料，采用扦插法繁育的苗木。近几年在推广良种的过程中，一些地方采用营养钵扦插育苗，将插穗扦插在事先准备好的营养土制成的营养钵中，培育成营养钵苗。这种方法在移植时不损伤根系，成活率高，茶苗生产迅速，值得推广。

3.苗龄

扦插到苗木出圃的时间，满一个年生长周期的称一足龄苗，未满一年的称一年生苗。

4.苗高

根颈至茶苗顶芽基部间的长度。

5.苗粗

距根颈10 厘米处的苗干直径。

6.侧根数

从扦插苗原插穗基部愈伤组织处分化出的且近似水平状生长，根径在1.5 毫米以上的根总数。

7.大、中、小叶种

用叶长×叶宽×0.7计算值表示。叶面积大于40平方厘米为大叶品种，小于40平方厘米为中小叶品种。

8.苗木等级

无性系苗木分级以品种纯度、苗龄、苗高、茎粗和侧根数为主要依据。

（二）茶树苗木质量指标

茶苗质量是影响成活率和茶树生长的关键因素，健壮的茶苗，要根系发达，主干较粗，移栽成活率较高。因此，用于移植的茶苗应为合格苗。

通常Ⅰ、Ⅱ级为合格苗，低于Ⅱ级为不合格苗。具体要求见表2–8和表2–9。

表2-8　无性系大叶品种一足龄扦插苗质量指标

级别	苗龄	苗高/厘米	茎粗 ∮ /毫米	侧根数/根	品种纯度/（%）
Ⅰ	一年生	≥30	≥4.0	≥3	100
Ⅱ	一年生	≥25	≥2.5	≥2	100

表2-9　无性系中小叶品种苗木质量指标

级别	苗龄	苗高/厘米	茎粗 ∮ /毫米	侧根数/根	品种纯度/（%）
Ⅰ	一足龄	≥30	≥3.0	≥3	100
Ⅱ	一足龄	≥20	≥2.0	≥2	100

（三）苗木包装和运输

1.苗木可散装或用箩筐等盛装，做到保湿透气，防止重压和风吹日晒。

2.起苗宜在栽种季节。检验和分级应在蔽荫背风处进行。苗木运到目的地后，应及时种植或假植。

3.苗木调运前应按国家有关规定进行检疫，调运时应持《植物检疫证书》。

二、选种原则

截至2013年，全国已有国家审（认）定的茶树品种124个，其中无性系品种107个，还有一批省级审（认）定的茶树品种，以及一批当前仍在生产上利用的地方良种和名枞。品种资源相当丰富，不同的品种具有不同的特征和特性，如树形、分枝密度、叶片大小、芽叶色泽与百芽重、制茶品质、产量高低、适制性、抗逆性与适应性、内含成分等，从而构成了茶树品种特征与特性的多样性。因此，在选择茶树品种时，应充分利用茶树品种的多样性来满足建园的目标。新植茶园茶树品种选择应坚持“适应性、适制性、抗逆性、合理搭配和以市场为导向”等原则。

（一）适应性

良种的适应性，作为首要考虑条件，所选择的茶树良种必须能较好地适应当地的气候、地理条件。一般来说，需要了解园地的生态条件，特别是光照、水、土、植被、天敌及病虫草害现状，选择与之相适应、抗性强的茶树品种。如果种植地与良种选育的条件相近，引种的适应性较好。

（二）适制性

品种的适制性与当地的主要茶类相一致。一般来说，先要明确企业规划，确定适宜发展的茶类，如红茶、绿茶、乌龙茶等，选择相应的适制性好、品质优异互补的茶树品种进行搭配。茶树品种的不同，其内含成分及芽叶性状也有一定的差别，从而使品种的适制性也存在一定的差别，比如氨基酸含量高，酚氨比适中的品种适制绿茶；茶多酚含量高，酚氨比大的品种适制红茶；芽头粗壮多毫的品种适制条形茶等。因此，在进行品种选择的时候，要充分考虑本地茶类的不同，根据品种的适制性进行选择。

（三）抗逆性

茶树品种抗性与茶园的稳产性、产品的质量安全有关。首先，选择种植的品种要对当地茶园主要病虫害具有较强的抗性，即选择对当地频发病虫害抗性强的优良茶树品种。其次，气温偏低的茶区还要考虑选择具有较强抗寒力的品种；倒春寒出现频繁的茶区，不宜选择春茶萌发期过早而且抗寒能力低的茶树品种；易出现干旱的茶区要选择抗旱能力强的茶树品种。

（四）合理搭配

在满足生态条件和适制茶类的前提下，茶树的品种应尽可能多样化，要利用不同茶树品种品质的多样性来提高成品茶品质，同时增加茶园生态系统的生物多样性。

采摘期搭配：比如早中晚生品种的搭配，可有效避免茶季“洪峰”，便于劳动力的安排和茶叶采摘、加工机械使用的平衡。一般来说，当家品种和搭配品种的面积分别为70%和30%为宜，根据经验，早生种占64.8%、中生种占28.8%、晚生种占6.4%，基本上每日进厂的鲜叶均衡，无明显的洪峰。另外通过品种有效搭配，可以充分发挥不同品种的品质特征的协同作用，提高茶叶的品质，如特高的、滋味甘美的或汤色浓艳的品种，通过合理搭配，使鲜叶原料互相取长补短，以提高产品的质量。

制茶类别搭配：选择品种的前提条件是适合新建园区的气候条件和企业的产品定位。在此前提下，绿茶产区应选用氨基酸含量相对较高的品种合理搭配，红茶产区宜选用茶多酚含量相对较高的品种合理搭配。选用芽叶色泽一致或相近、百芽重相近的品种搭配。

遗传多样性搭配：一个区域的茶树品种应具有遗传多样性，避免种植单一茶树品种。遗传多样性搭配，可避免因单一品种抗病力问题引起的病虫害蔓延和其他自然灾害扩散，减少病虫害和其他自然灾害造成的损失。

（五）以市场为导向

与今后茶业发展的趋势相一致。茶树的有效经济年限可达50年以上，在此期间，市场变化、产品结构的调整、茶叶新产品的开发等都会受到茶树品种或多或少的影响，因此，在进行茶树品种选择的时候，要充分考虑，切不可人云亦云，更不可一拥而上。

第四节　茶树种植技术

茶树种植有茶籽直播和扦插茶苗移栽两种方法。目前大部分以扦插茶苗移栽的方式进行茶树种植，有利于保持茶树品种的优良特性。茶树种植应尽可能规范化，为茶园管理作业的机械化、科学化和标准化打下基础。

一、种植前垦地与施底肥

多年的实践表明，茶树种植后能否快速成园及持续高产，与种前深耕与施基肥有关。深耕既加深了土层，为茶树根系的扩展创造了良好的条件，又促使土壤的理化特性发生良好的变化，特别是伴随施入大量的有机肥，使土壤中微生物群落繁衍，从而通过微生物对有机肥的分解，促进土壤物理性能和化学性能的改良，使土壤孔隙率增加到50%，容重下降到1.0～1.2克/立方厘米，形成良好的团粒结构，为茶树生长提供良好的水、肥、气、热条件。（彩图2-4：开沟施底肥——开沟、彩图2-5：开沟施底肥——铺稻草）

（一）茶行布置

依据不同地形的茶园而有区别，茶行布置要有利于实现机械化耕作管理和保持水土。

1.平地茶园

平地茶园一般是茶行和地形最长的一边平行，在最长的一边离园边1米画出第一条线作为基线，以后依次类推。缓坡地茶园要在横坡最宽的地方，从两端找出等高点，拉一直线作为基线，以画出的基线为起点，将测绳与基线垂直，按行距要求作标记。每条种植线用同样方法，标出三个基点，画出种植线。也可从基线开始，随带行距标尺，测一行画一行。

2.梯形茶园

梯形茶园，按离递边等距画线。由于梯级一般都是弯曲的，因此最好做一个标尺划行器，画出茶行的种植线。梯田最外边的一行茶树，离梯边的距离，视梯面宽度安排茶行数而确定，一般1米左右为宜。

（二）开沟施肥

在土壤全面深翻或带状深翻的基础上，按画好的茶行种植线开挖一条深40～60厘米、宽40～60厘米的种植沟，并分层施入底肥。每亩用绿肥或土杂肥1500～2500公斤（发酵）、饼肥150公斤、磷肥25～50公斤，分层施入。第一层（最下层）施绿肥或土杂肥，第二层施饼肥，第三层施磷肥，每施一层基肥上面覆盖一层薄土，最上层保持土深20厘米左右，以避免茶苗根部与肥料直接接触，烧伤根系。使定植沟保持10厘米深度的浅沟状，移栽后在进行耕锄施肥时逐渐把沟填平。（彩图2–6：施底肥）

二、种植方式

（一）种植规格

应在园地开垦时确定。种植不可太稀，也不可太密，依地形和品种而有不同。斜坡和土壤瘠薄的茶园应适当密些，树势高大的品种适当稀一些。江西省茶园种植规格一般采用单行或双行条栽方式种植。“单行条栽”为常规种植方式，“双行条栽”为中小叶种新茶园发展中主要推广的种植方式，“多条栽”成园快、产量高，但管理要求高，目前生产上不提倡。

1.单行条植

一般缓坡平地茶园和梯形茶园以单行条植为主，一般行距150～165厘米，丛距20～33厘米，每丛2～3株；如梯田茶园宽度大，种一行太宽，种两行又太密，也可采用双行条植。

2.双行条植

双行条植，一般行距160～180厘米，丛（株）距均以30～35厘米为宜，每丛2～3株，两行茶株交替种植。

3.种苗数量

新建茶园需多少种苗，要事先做到心中有数，一亩茶园需要种苗的数量，根据行丛（株）距和种苗质量而定，具体数量可按下列公式来计算：

每亩需茶苗数（株）=667平方米÷（行距×丛距）×每丛栽种株数

根据上式计算出的数值与实际需要数有一定的差距，故在预备种苗时一般应按计算数增加10%，作为苗损耗的补偿。按上述行株距，单行又株移栽每亩需茶苗

3500～4000株左右。同时每建100亩新茶园还要相应建苗圃一亩，为以后茶园的补缺作准备。

（二）茶苗移栽

由于茶苗移栽具有良种化程度高，茶树个体差异较小，一致性强等优点，目前新建茶园最常用的是茶苗移栽。茶苗移栽的最适宜时期是在茶苗地上部处于休眠时或雨季来临之前，移栽容易成活。根据江西的气候条件，秋季至早春（10月至翌年2月）均可移栽，山区可推迟至3月。为提高茶苗移栽成活率，应做到栽前起苗多带土，种植前开好移植沟，施入基肥后覆盖7～10厘米表土，实生苗一般栽到根颈为适宜，扦插苗要适当栽深些。移栽时，先用黄泥浆蘸茶苗根部，然后分级把茶苗分放在穴中，一边分发一边种植。种植时要把茶根系舒展开，盖上细土，再用手将茶苗轻轻向上一提，使茶苗根系自然舒展，并与土壤紧密相接，然后再覆土。覆土时将须根覆盖好后，用手或用脚将土压紧，使茶苗根系和湿土接触良好。随即浇足定根水，再在茶株两边覆松土。移栽定植后最好及时铺草覆盖，防旱保苗。覆盖材料可用青草、稻草、秸秆等，每公顷用量15～20吨。大茶苗栽前应剪去部分主根。苗高超过30厘米时，可进行第一次定型修剪。栽后定期检查成活情况，发现缺株，及时补苗。（彩图2-7、2-8、2-9、2-10、2-11、2-12、2-13、2-14：茶苗移栽）

（三）茶籽直播

用种子直接繁殖的茶树，苗期称为实生苗，成园后叫有性群体茶园。茶籽直播是一种传统的种植方式，方法简便。茶籽直播主根明显，可深达1米以上，抗旱能力较强。因此，在一些比较干旱、不适宜发展无性系茶树良种的地区仍被采用。茶籽直播应掌握以下几点：

1.茶籽纯度

茶籽是有性系种子，纯度越高，茶苗的一致性越好。一般无性系茶园的茶籽纯度较有性系茶树或群体种茶园的茶籽要高。

2.播种时期

茶籽的播种期，除严寒冰霜外，一般从茶籽采收当年的11月至翌年3月均可播种。但冬播比春播出苗早，成苗率高，并可减少茶籽贮藏工作。春播所用茶籽冬季应保管好。

3.播种方法

用茶籽直播，每穴播种粒数以4～5粒为宜，每公顷需用符合标准的茶籽100～120公斤，按照确定的种植方式进行从播或条播，播种密度可适当加大，有利于减少补苗，且待间苗时可将不合格的茶苗间去。茶籽播种的深度应根据当地气候、土壤有所区别。质地疏松、排水良好的土壤，播种深度以5厘米为宜；土壤质量黏结，则以3厘米为宜。若遇在茶籽播种期间正值旱季，播种前可在播种沟上浇足水分，然后播种茶籽，立即覆土；并在覆土后的地表上，做成高出地表10～15厘米的馒头形地埂，或者在覆土后铺上杂草、锯木屑、蕨类、糠壳、秸秆、稻草等覆盖，以保蓄水分，减少蒸发量。

播种后在播种行上应做好标记，有利于茶苗出土前除草或松土工作，避免损伤茶苗。此外，为了今后茶园补缺和提高补缺成活率，播种时最好每隔10～15行在行间增播1行茶籽，也可利用茶园周围的零星地块建立苗圃，达到就地取苗便于带土的目的，这样既节省劳力，又能提高补缺成活率。

三、幼龄茶园管理

新茶园种植后，一般茶苗生长幼弱，根系浅，抗旱力差，容易遭受旱害以致造成不同程度的缺株。因此在力争全苗的同时进行护苗，是新建茶园管理中最重要的工作。

（一）保苗全苗

茶苗移栽后，至盛产前，一般需要四至五年的时间，在这四至五年中，每个阶段都有其不同时期的农艺管理要点。在移栽后的第一年，主要任务就是保苗全苗，主要工作就是抗旱、防冻、防病虫草害等。因此在冬季低温到来之前，最好进行茶行覆盖，如铺草、地膜等，可以有效提高地温，减少茶苗冻害的发生；而且在夏季干旱时，又可以起到减少土壤水分的水分的蒸发，避免茶苗受旱；同时又可以抑制茶园杂草的生长。根据各地经验，一般移栽茶园采用铺草比未铺草覆盖的茶园，茶苗成活率要提高20%以上。铺草可在茶树株两旁各30厘米左右进行，厚度10厘米左右，上压碎土。覆盖物可就地取材，山箐、麦秆、稻草等均可。茶园铺草不仅有保水作用，而且对防止杂草生长和水土流失，都有很好效果。（彩图2-15：幼龄茶园铺草）

（二）补苗间苗

新建茶园如果管理条件良好，成活率一般可以达到90%以上，但均有不同程度的缺株，必须抓紧时间在建园后1～2年内将缺苗补齐。补苗要选择生长一致的同龄壮苗（在茶苗移栽时留有一定量的假植苗），每穴补植两株。补后浇透水分，在干旱季节还要注意保苗。

（三）壮苗与养蓬

幼龄茶树移栽后，在全苗和补苗的基础上，根据茶苗的生长情况，田间管理的重点将转移到壮苗和养蓬上。壮苗主要是通过对茶园水、肥、气、热等条件的合理运用，以达到壮苗的目的，尤其是在肥料方面，根据茶苗期不同需肥特点，适当提高磷、钾的比例，以促使骨干枝的养成。养蓬则是在壮苗的基础上，通过合理修剪技术，使茶树形成良种的采摘蓬面。

第五节　茶园改造技术

在正常的栽培管理水平下，常规茶园最高产量出现在 18 ~ 20 龄，中、高产期可持续到 30 龄左右。30 龄后树势开始衰败，产量明显下降；也有一些茶园因择地不当、建园或管理不善等原因，茶树提前老化，这些茶树都需通过改造加以复壮。低产茶园复壮技术可概括为“三改一补”：改园、改土、改树和缺株补植。

一、茶园改造与恢复

（一）植被的改造

过去茶园种植时由于强调茶园集中成片，茶园四周林木也被砍伐，从而使水土流失加重，茶园裸露，低产低质。因此，应按照新建茶园生态系统配置技术要求对茶园周围植被进行改造与恢复，选择合适的树种科学种植。

（二）园地土壤改造

1.改园

改园的主要目的是为了更好地保水、保土、保肥，以改善茶树根系生长发育的条件。改造时，应针对园地现状，尽可能按照开辟山地新茶园的标准和因地制宜的原则做好全面规划，分期分片地从上而下地把一些不利于水土保持的坡式茶园，梯层不等高、梯面向外倾斜的茶园，平整改造成为等高梯层，梯面外高内低，做到梯壁坚实，外埂高出10厘米，内有竹节沟；同时每20亩设置一个10立方米的蓄水池。

2.改土

针对低产茶园土层浅、质地差的特点，进行深翻改土和客土培园。利用茶园附近有机质含量较丰富的表土来加厚土层，为茶树地下部根系的生长创造良好的土壤条件。改土是指通过对茶园土壤进行分析，找出低产的制约性因素，在此基础上，利用茶园土壤酸碱性调节技术、茶园配方施肥技术、茶园深耕技术等技术的综合集成应用，以达到高产优质的茶园土壤基础。

（三）树冠改造

1.重修剪

重修剪的对象包括：（1）未老先衰的茶树和一些树冠虽然衰老，但骨干枝及有效分技仍有较强的生育能力、树冠上有一定的绿叶层的茶树；（2）树龄虽老，但管理水平较高，茶树上地衣苔藓少，主枝和一、二级分枝尚壮，上层分枝枯枝多，枝干灰白，新梢多为细小的对夹叶的茶树；（3）茶树年龄不一定很老，但由于放松肥培管理或采摘不合理等原因，以致树冠矮小，分枝稀疏，采摘面零乱，树势衰弱，鸡爪枝多，芽叶瘦小稀少，对夹叶多，产量明显下降，但多数主枝尚有一定的生活能力的茶树。

重修剪高度，一般是剪去树冠1/3~1/2，留桩离地面30~45厘米为宜，如树体较高，枝条不太衰老的，可剪高一些；树体较矮、枝条较衰老的，剪低一些。在同一块茶园中，修剪的高度就低不就高，使剪后整片高度大体一致。重修剪时间以春茶前最适宜，但为采收春茶，多在五月中下旬进行重修剪。剪后要加强茶园管理，增施有机肥与磷、钾肥，注意防治病虫害。

2.台刈

台刈主要针对树势已十分衰老的茶树，枝干枯秃，叶片稀少，多数枝条丧失育芽能力，产量很低，有的枝条上布满苔藓、地衣，根系也已大部枯黑，吸收能力很差，即使增施肥料，也很难提高产量。

台刈的高度一般是在离地5～10厘米处砍去地上全部枝干。台刈时间以春茶前为最适宜，但为采收春茶，亦可在5～6月进行。台刈后的管理是成败的关键，刈前增施有机肥，刈后加强培育管理。

二、茶园换种技术

低产茶园换种更新的方式有改植换种和嫁接换种，其中改植换种又分改植换种和新老套种两种方式。

（一）改植换种

换种改造是一种较彻底的老茶园改造方式，也是提高茶树无性系良种比例的一个重要举措。

对于缺株率过大、行距不合理、树龄过老、品种种性较差和园地规划设计不合理、地形须重新平整的茶园，宜采取改植换种方式，即一次性挖掘老茶树，按新茶园建设的标准重新规划设计，布设道路、水利和防护林系统，并进行必要的地形调整。

改种换植时必须注意消除其中老茶树对幼龄茶树生长发育的障碍因素。如老茶树的根系分泌物和残留老根的分解产物中常有一些有毒物质，在去除老树时，一定要连根拔除，同时采取深翻和晒土、种植绿肥等措施。

（二）新老套种

也就是在老茶园套种新茶树，待新茶树成园投产后再挖去老茶树。改植换种虽然改造最彻底，但破坏了原有的茶园生态系统，易造成水土流失。从经济效益来看，栽后3～4年内基本没有收入，改建投资比其他荒地兴建茶园大，需8～10年才能收回投资。因此，对园地规划较好的低产茶园，可用新老套种或茶为埂、坡变梯技术来进行改造。

（三）嫁接换种

以原有茶树作为砧木，用选定好的优良茶树品种的枝条作为接穗的换种技术。嫁接是古老的栽培技术之一，但在茶树上的应用只有20余年的历史。据江西省蚕桑茶叶研究所周汉忠等的研究，利用茶树短穗嫁接技术，比普通用苗木改植换种，具有成活率高、成园提早、投资少、成本低、保持和提高茶叶品质、提高经济效益等优点。

1.砧木和接穗的选择

砧木可以选择生殖力强的无性系品种或地方优良群体品种。选择粗细适中（0.6厘米左右）的枝条作为砧木。同时选择优良茶树品种的半木质化枝条的中下段作为接穗，每根枝条嫁接一个接穗，每丛嫁接8～10个砧木枝条。

2.剪砧、削穗嫁接

低位剪砧，将茶丛的枝条离地2～3厘米处剪去上部所有枝条，每根砧板枝条用利刀纵切一刀，切缝应略长于接穗斜楔面长度，砧木特粗大者，宜用切接。1枝接穗应具有1个饱满腋芽和1片健壮叶片，每枝接穗长3～4厘米，削成斜楔形，削好后即可嫁接，把接穗插入已切开的砧木中，插入时必须使接穗靠在砧木切口的一边，两者的形成层吻合对齐。

3.培土代绑

茶树短穗嫁接与果树嫁接有所不同，茶树在接好后不进行捆绑，以培土代绑，嫁接完成后用细碎土壤把接合处埋入土中，培土至接穗叶柄基部，露出叶片和腋芽。培土时边培土边用手稍压实，但切不可引起砧木和接穗移位。培土代绑，不仅能防止砧木和接穗失水，而且土中昼夜温差小、湿度较稳定，为接合处愈伤组织的形成创造了良好的条件，使接穗和砧木双方的形成层和薄壁组织细胞同时分裂，加快愈合组织形成和输导组织邻近的细胞分化同型组织，产生新的输导组织，使砧木和接穗尽快愈合成一个整体，当然培土代绑也是加快嫁接进度、减少投工投资的有效措施。

4.嫁接后的管理

从嫁接到接穗与砧木产生有机结合，接穗上的芽正常萌发生长，夏接需1～1.5个月，冬接要到翌年3月底，这段时间的管理应精细，努力把好遮阳、浇水、保温三关。夏接后的管理主要是遮阳和浇水；冬接以薄膜保温为主，嫁接后立即浇水湿透土壤，再用薄膜覆盖，翌年3月底去膜。嫁接茶园要及时除草，茶丛附近应连根拔草，防治病虫害和及时清除茶丛基部抽生出来的新梢，使水分及营养物质集中供应接穗着枝的生长。

第六节　茶树树冠培育技术

良好的树冠是茶树持续优质、高产、高效的基础和前提。根据茶树的生长发育习性及其生理代谢规律，通过合理的技术措施，调控茶树分枝习性，改善体内营养物质运输和分配，将茶树培养成“壮、宽、齐、密、茂”的优化型树冠。修剪是茶树优质高效树冠培养最重要的手段之一。

一、培育优质高产的树冠结构

茶树在一生中从幼年、青年、壮年到老年，不同的生长发育阶段，茶的分枝习性存在明显的差异。幼年期，茶树顶芽生长旺盛，侧芽生长较弱，单轴分枝占优势，形成直立型的树冠。从青年期开始，主枝生长到一定高度后便停止生长或生长缓慢，近顶芽的侧枝迅速生长为新枝，代替主枝的优势。这种优势不断转移，形成合轴分枝，并不断向外扩展，形成披张式或半披张式的丛式树冠。茶树进入衰老期，生理代谢机能和吸收能力下降，骨干枝的再生能力减弱，细弱的分枝逐渐死亡，导致树冠稀疏，茶树为了维持自身生命的需要，常在根茎处长出新枝，取代衰老枝，使茶树出现新老交替的自然更新现象。

持续优质、高产和高效是茶树栽培的目标。优质要求新梢粗壮、生长旺盛、正常芽叶比例高；高产需要单位面积新梢数量多，单个新梢重量大；高效则不仅要求优质高产，而且要求生产成本低，在树冠培养过程中则要考虑手工和机械采摘方便、茶树养分利用率高，特别是对经济产量的贡献大。为了达到这些目标，要求茶树树冠有粗壮的骨干枝，合理的分枝结构，适中的高度，宽大的树冠，整齐的采摘面，一定的叶层厚度和叶面积指数等。概括地说，“壮、宽、密、齐、茂”是茶树优质、高产和高效的树冠结构。

二、树冠修剪技术

（一）定型修剪

茶树的定型修剪不仅仅指对幼龄茶树的定型修剪，也包括衰老茶树改造后的树冠重塑。茶树定型修剪的主要目的就是改变茶树的自然生长状态，培养骨干枝层，迅速扩大树冠。幼龄茶树由于顶端生长优势强，若任其自然生长，则顶芽生长旺盛，侧枝生长受阻，形成不了密集的树冠生产枝层。通过定型修剪，解除顶端优势，加速合轴分枝发展，分枝部位压低，分枝能力加强，有利于迅速形成宽大的树冠面，给高产稳产奠定基础。茶树定型修剪因各地的气候条件、品种和茶树生长状况不同，在具体操作上也有一定差别。但一般来说，常规茶园定型修剪需要经过3~4次。

1.新植茶园的定型修剪

第一次在茶苗达到2足龄时进行，如果茶苗生长良好，也可在1足龄时进行，但是必须达到以下要求：茎粗（离地表5厘米处测量）超过0.3厘米，苗高达到30厘米，有1~2个分枝。80%的茶苗达到以上标准便可对该茶园进行第一次定型修剪。修剪方法：用整枝剪在离地面12~15厘米处剪去主枝，侧枝不剪。凡不符合第一次定型修剪标准的茶苗不剪，留待第二年达标后再剪。

第二次定型修剪一般在第一次定型修剪的次年，此时树高应达到40厘米，剪口高度为25~30厘米，也就是在第一次定型修剪的基础上，提高10~15厘米。如果茶苗高度不够标准，适当推迟修剪时间。（彩图2-16：第二次定型修剪、彩图2-17：第三次定型修剪）

第三次定型修剪在第二次修剪后一年时进行，修剪高度在上次剪口上提高10~15厘米左右。用篱剪或弧型修剪机剪成弧型树冠。茶树经三次定型修剪后，茶树高度一般在50～60厘米，树幅可达70～80厘米，就可以开始轻采留养了。

2.重修剪和台刈茶树的定型修剪

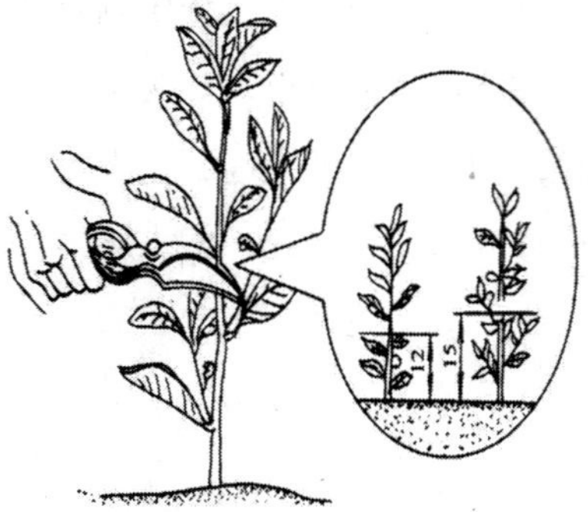

幼龄茶树第一次定型修剪

为了使分枝结构合理，重修剪和台刈后的茶树也要进行定型修剪。但做法上与幼龄茶树有所不同。

重修剪的茶树，剪口较高，抽发的新梢生长旺盛。春茶结束后立即进行重修剪的茶树，经过2个月的生长，新梢可长30厘米以上，新生枝条基部半木质化，这时可进行定型修剪，在重修剪剪口上提高5厘米修剪。再生的枝条任其生长，直到秋末。但值得注意的是，定剪要求在7月份完成，否则茶树再生枝条生长时间过短，粗度和成熟度均较差，影响重修剪的效果。如茶树新枝生长过慢，则任其生长，待次年春茶结束后在重剪剪口基础上提高10～15厘米进行定剪，以后适当留养真叶，打顶采摘，逐步培养树冠。

对于离地5～20厘米台刈的茶树，台刈当年任其生长，翌年春茶结束后进行第一次定型修剪，由于分枝较多，可在原剪口基础上提高15～20厘米剪平，如能结合疏枝，去除部分细弱枝，则对提高台刈茶园骨干枝的粗度和台刈茶园的增产提质效果十分有利。第三年春茶结束后再进行第二次定型修剪，在上次剪口上再提高15厘米左右修剪。以后与幼龄茶树一样，实行留养轻采、轻修剪，逐步培养树冠。

（二）轻修剪

定型修剪后的茶树，分枝层次和骨架基本形成，为了进一步提高茶园的覆盖度和采摘面，需要进行轻修剪。轻修剪主要目的是解除顶芽对侧芽的抑制作用，刺激茶芽的萌发，抑制茶树的高度，增加分枝层次，同时使树冠面整齐，保持树冠旺盛的长势和一定的发芽密度，以提高茶叶的产量和品质。

轻修剪是将生长年度内的部分枝叶剪去，一般在上次剪口基础上提高3～5厘米进行轻度修剪，或剪去树冠面上的突出枝条和树冠表层3～10厘米枝叶。如茶园树冠较平整，但叶层较薄，只能将茶树冠面上突出的枝条剪去，平整树冠，程度较轻。

茶树轻修剪一般每年一次，对于生长势弱、留叶少、采摘及时、树冠平整的茶树，也可隔年进行轻修剪。修剪时间一般为秋茶结束后或春茶萌动前进行。对于秋茶后进行轻修剪，一般在茶树地上部停止生长后进行，冬季冻害发生严重的地区更应注意修剪时期的把握，因为茶树在修剪后，伤口组织更容易发生冻害。春茶萌动前进行轻修剪，时期掌握不当，可能会造成推迟茶芽萌发，这对名优茶的生产显然是不利的。

另外，对于树冠覆盖度较高的成龄茶园，除进行正常的轻修剪和修平外，每年秋茶结束后进行一次边缘修剪，即剪去茶行间的部分枝叶，保持行间有20厘米左右的间隙，以利田间作业和茶行通风透光。（彩图2-18：轻修剪）

（三）深修剪

是一种改造茶树树冠的措施。树冠经过多次的轻剪和采摘以后，树冠面上的分枝愈分愈细，形成鸡爪枝（又名结节枝），这些枝条本身细小，育芽能力弱，所萌发的芽叶瘦小稀疏，影响茶叶的产量和品质。因此，需用深修剪的方法，剪去鸡爪枝，降低树冠高度，复壮树势，使之形成新的枝叶层，恢复茶树的育芽能力，提高茶叶的产量和品质。

1.深修剪的方法

深修剪的深度依“鸡爪枝”的深度而定，以剪除“鸡爪枝”为原则，一般剪去树冠表面10～15厘米的枝叶。深修剪一般安排在春茶结束后进行，按树冠形状用采茶机剪去表层枝叶。深修剪后茶树叶面积锐减，甚至没有老叶，应留养一季夏茶。对于采摘大宗茶的茶园，秋茶可打顶轻采，对于采摘名优茶的茶园，留养夏茶和前期秋茶，7月中下旬轻修剪后留养。茶树深修剪后，新形成的生产枝条较未剪前略有增粗，育芽能力有所增强，为控制树冠高度，应与轻修剪相配合。一般深修剪后应每年或隔年轻修剪一次，轻修剪数年后深修剪一次。

另外，茶树深修剪后，茶行两边未剪到的枝条应用单人采茶机及时进行修整；最好还能用整枝剪进行疏枝，剪去树冠内部和下部的病虫枝、细弱枝和枯老枝，以减少茶树养分消耗，进一步提高茶叶产量和品质。

2.深修剪周期

深修剪的频率视各地的气候条件、茶树生长状况、水肥供应情况而定，一般为

3～5年进行一次。管理水平高，生产枝育芽能力强的，可适当延长深修剪的周期。深修剪虽然能起到恢复树势的作用，但由于剪位比较深，对茶树刺激重，因而对当年的产量有一定影响，因此应适当延长间隔期。（彩图2-19：深修剪）

（四）重修剪

茶树经过多年的采摘和多次轻、深修剪后，上部枝条的生活力逐渐降低，发芽力弱，芽叶瘦小，易形成对夹叶，轮与轮的间歇期延长，茶叶产量和品质下降，即使加强肥培管理，也是事倍功半。这类茶树处于半衰老和未老先衰状态，茶树树年龄不一定很老，骨干枝及有效分枝仍有较强的生育能力，但由于放松肥培管理或采摘不合理等原因，以致树冠矮小，分枝稀疏，采摘面零乱，树势衰弱，鸡爪枝多，芽叶瘦小稀小，多对夹叶，产量明显下降。对这类茶树，可采用重剪更新复壮。

1.重修剪方法

重剪一般是剪去树冠1/3～1/2，以离地30～45厘米为宜。树形较高，枝高不太衰老的，可剪高一些；树形较矮、枝条较衰老的，剪低一些。如果修剪过高，达不到更新目的；修剪过低，则恢复较慢。在同一块茶园中，修剪的高度就低不就高，使剪后整片高度大体一致。如在同一丛茶内有个别枯老枝，可先用锋利的镰刀割除后再修剪。

2.重修剪周期

茶树重修剪的周期与茶树生长势，重修剪与轻、深修剪的配合，以及茶园肥培管理措施等有关。一般来说，茶树重修剪后，当年因留养较多，产量有所降低，但次年茶叶产量有所提高，特别是茶叶品质明显提高，第三年产量可比剪前提高20%左右，第四、五年茶叶产量仍然较高，但树冠表层生产枝变细，茶叶品质开始下降，应采用深修剪更新树冠。所以，对于以采摘大宗茶为主的机采茶园来说，深修剪周期为4～5年，重修剪的周期以9～10年，中间进行一次深修剪为宜。对于采摘名优茶为主的茶园，需要有肥壮的芽头，深修剪周期为2～3年时，一个重修剪周期内2～3次深修剪为宜。修剪的剪口可略高或略低于上次的剪口，以保持剪口附近枝条有较强的育芽能力。

3.重修剪时间

重修剪的时期，以茶树休眠期早春为好。但半衰老或未老先衰的茶树，为收获一定的产量，可在春茶采后重修剪，剪后当年发出的新梢不采摘，在次年春茶萌动前，在重修剪口上提高7～10厘米修剪，重剪后第二年起可适当留叶采摘，并每年初春在上次剪口上提高7～10厘米修剪，待树高达70厘米以上时，每年提高5厘米左右进行轻修剪。

对于没有经过定型修剪，树冠参差不齐，树势尚不十分衰老的旧式茶园，也可采用上述方法进行重修剪，然后轻修剪培养树冠。（彩图2–20：重修剪）

（五）台刈

台刈主要是针对树势已十分衰老的茶树而进行的一种树势改造方式。这类茶树枝干枯秃，叶片稀少，多数枝条丧失育芽能力，产量很低，有的枝条上布满苔藓、地衣、根系也已大部枯黑，吸收能力很差，即使增施肥料，也很难提高产量。对这类衰老茶树，应当实行台刈更新，从根颈处剪去全部枝条，促使抽生新枝，形成新的树冠。台刈的高度一般离地5～7厘米为宜，留桩过高，则发芽不壮，新枝纤细；过低则发芽部位太少，新枝数量少。台刈以采用圆盘式台刈机为好，可免树桩的撕裂；也可用锋利的镰刀，自下而上拉割，使切口呈斜面而光滑，以利不定芽的萌发；粗大的枝干可用手锯或台刈剪，切忌砍破桩头，否则伤口腐烂，难以愈合和抽发新枝。

台刈的时间在早春为好。这时为茶树的休眠期末期，根部积累的养分较多，能满足新枝萌发的营养需要。而且初春台刈，茶树新枝的全年生长期长，有利于形成健壮的骨干枝，有些地区为照顾当年茶叶产量和收入，也可在春茶采后的5月间台刈。

台刈后发出的新枝，在一年生长结束后，离地40厘米左右进行修剪，剪后2～3年内逐年在上次剪口提高10厘米左右修剪，待树高到70厘米以上时，每年按轻修剪的高度标准进行修剪。台刈后发出的新枝生长旺盛，芽叶肥壮，但千万不可采摘过早、过度，这是决定台刈成败的关键。一般台刈后的一年生枝条不要采抽，第二年采高留低，打顶养蓬，第三年开始适当留叶采摘，这样才能养成骨架健壮，蓬面宽广，分枝适密的高产树型。

三、茶树修剪与农技措施的配合

茶树修剪是树冠培养的重要技术措施，但最佳修剪效果的发挥不仅与修剪本身的技术有关，还与其他农业措施有密切的关系。其他农业技术措施配合得当，有利于茶树树冠的培养，可以起到事半功倍的效果。

（一）加强肥水管理

修剪对茶树来说是一种创伤，茶树修剪后伤口的愈合和新梢的萌发生长，在很大程度上有赖于树体内贮藏的营养物质，特别是根部贮藏的养分。生产上改造后的茶园出现枝条枯死的主要原因是茶树体内养分供应不足。所以，生产实践中常有“无肥不改树”的说法。为了保证修剪后的正常养分供应，修剪前应施入较多的有机肥或复合肥，一般农家有机肥的施用量1～1.2吨/亩，或茶树专用肥（N、P、K总养分25%）100公斤/亩左右；修剪后待新梢萌发时，及时追施催芽肥。

修剪下的枝叶含有茶树生长所需的各种营养元素，是很好的有机肥源，腐烂后对提高土壤肥力有一定的作用。不仅如此，茶树修剪后，特别是重修剪或台刈后，行间裸露面积增大，而修剪枝叶也是一种很好的地面覆盖物，对于减少水土流失和杂草生长也有明显的作用。所以，如果没有严重的病虫害，修剪的枝叶应留在茶园内。

（二）留养与采摘相结合

幼龄茶树骨干枝和树冠骨架的形成主要依靠三次定型修剪。第一次定型修剪后的茶树分枝和叶片少，应顺其生长，只留不采；第二次定型修剪后，特别是采摘少量春茶后进行的，可以适当打顶；第三次定型修剪的茶树可打顶轻采，以留养为主。只顾眼前利益，不适当的早采或强采会造成枝条细弱，树势早衰，茶树像“小老头”，无法形成优质高产的树冠。对于春茶后深修剪的茶树，应留养一季夏茶，秋茶适当打顶轻采；如长势弱，建议不采。对于重修剪和台刈的茶树，新梢生长比较旺盛，叶片大，节间长，芽叶粗壮，早期应留养为主，并进行定型修剪。

（三）及时防治病虫害

茶树修剪后，留下的剪口容易感染或害虫入侵；剪后再生的新梢持嫩性强，也为病虫滋生提供了良好的食源，极易发生病虫危害。因此，应密切关注茶园害虫状况，及时采取有效的防治措施。

第三章

绿色有机茶园土肥管理技术

唐·陆羽《茶经》中就有“其地，上者生烂石，中者生砾壤，下者生黄土”的记载。土壤是茶树生长的立地之本，肥料是茶树优质高产的物质基础，水分是茶树树体的重要组成部分。因此，茶园的土壤管理、改良，水分管理等成为现代茶树优化栽培的重要内容，也是茶园优质、高产、高效益的重要环节。生产绿色食品茶和有机茶的茶园土肥管理较常规茶园有更严格的要求和约束，要达到优质高效的目的，土、肥、水管理显得更为重要。

第一节　茶园土壤管理技术

茶树是喜酸作物，富铝化作用强，酸、黏、板、瘦成为大部分茶园土壤的共性。在茶园土壤方面，不仅要尽量选择自然肥力高的土壤，而且在生产过程中要加强土壤管理，不断保持和提高土壤肥力，保证茶树正常健康地生长，从而实现高产、优质、高效益。

一、茶园土壤要求

绿色有机茶园基地建设是绿色有机茶生产的基础，绿色有机茶生产技术的应用强调使茶园的生态系统保持稳定性和可持续性。绿色有机茶园必须符合生态环境质量指标，要求远离城市和工业区以及村庄与公路，以防止城乡垃圾、灰尘、废水、废气及过多人为活动给茶叶带来污染。茶园土壤环境质量应符合GB 15618—1995中规定的I类土壤环境质量（具体指标见第二章第一节）。

绿色有机茶园土壤要求自然肥力高，土层深厚，土体疏松，质地沙壤，通透性能良好，不积水，营养元素丰富而平衡，其具体具体指标要求见表3–1。

表3–1　茶园土壤要求

项　目	指　标
有效土层	>80厘米
有机质含量（0～45厘米平均）	>15克／千克
全氮含量（0～45厘米平均）	>0.8克／千克
有效氮含量（0～45厘米平均）	>80毫克／千克
有效钾含量（0～45厘米平均）	>80毫克／千克
有效镁含量（0～45厘米平均）	>40毫克／千克
有效磷含量（0～45厘米平均）	>10毫克／千克
有效锌含量（0～45厘米平均）	1～5毫克／千克
交换性铝含量（0～45厘米平均）	3～5厘摩尔（1／3Al^{3+}）／千克土
交换性钙含量（0～45厘米平均）	小于5.0厘摩尔／千克土
土壤pH值	4.5～6.5
土壤容重（表土）	1.0～1.2克／立方厘米
土壤容重（心土和底土）	1.2～1.4克／立方厘米
土壤孔隙度（表土）	50～60%
土壤孔隙度（心土和底土）	45～55%
透水系数（0～45厘米平均）	10～3厘米／秒

二、茶园土壤改良技术

（一）土壤深浅耕结合技术

茶园土壤管理包括茶树种植后的土壤耕作（行间耕作）和对不良土壤的改良。

茶园耕作有利也有弊，利表现在以下几个方面：第一，耕作能疏松土层，防止表土板结，增强通透性，提高土壤渗水能力，有利于根系生长；第二，耕作能把肥力较高的表土翻入下层，把下层生土翻到表面，经过风化，促使土壤不断熟化，提高土壤肥力；第三，耕作能铲除杂草，把土中的虫卵、虫蛹翻到表层，经日晒、结冻而死亡，减少草害和虫害。但是，耕作也有负面效果：第一，耕作后通气性增强，加速土壤有机质的分解和消耗，使茶园本来肥力就不高的土壤有机质含量更低；第二，耕作后由于土壤疏松，土壤之间的黏结力减少，土壤冲刷量增加；第三，耕作会引起伤根，给茶树生长带来直接的不良影响。所以，茶园耕作时，方法要科学合理，恰当处理好利弊关系，做到扬长避短，充分发挥耕作的良好作用。（彩图3-1：浅耕除草）

行间耕作包括浅耕和深耕，主要起着改善和调节土壤理化性状的作用。合理的耕作可以疏松土壤，促进土壤微生物活动，加速土壤熟化，促进茶树根系的更新和生长。浅耕是指深度不超过15厘米的耕作，主要作用是破除土壤板结，改善土壤的通气和透水状况，消灭茶园杂草。一般可结合追施有机肥进行。深耕是指深度超过15厘米以上的耕作，但深耕对茶树根系损伤较大，所以技术要求比较高。成龄投产茶园的深耕深度不要超过30厘米，不要太靠近茶树根茎部位。深耕时期应选在茶季结束时为宜。成龄茶园深耕要与施用基肥相结合，很少单独进行。翻耕还可压草作有机肥。

（二）施用土壤改良剂技术

凡主要用于改良土壤的物理、化学和生物性质，使其更适宜于植物生长，而不是主要提供植物养分的物料，都称为土壤改良剂。例如，施石灰用来调整酸性土壤的pH，施石膏用来抑制土壤中的Na^{+}、HCO^{3-}、和CO_3^{2-}等离子，施用有益微生物来提高土壤生物活性等。但由于改良土壤结构的物料量大面广，所以习惯上人们把土壤结构改良剂与土壤改良剂等同起来。

茶树虽系喜酸性土作物，但并非土壤越酸越好，一般pH在5～6之间最适宜茶树生长，当pH低于4.5时，对茶树的养分吸收、生长、产量和品质都会带来一定的负面影响。当前由于茶区环境恶化，酸雨增多，加上茶树自身物质循环特殊性等，茶园土壤不断酸化。施白云石粉以防止土壤酸化是高产、优质、高效益的重要措施之一，且白云石粉属纯天然物质，有机茶园可以施用。

1.施用白云石粉的作用

施用白云石粉不仅可以中和土壤中的酸度，同时也可以提供镁营养，有利于镁、钾和镁、铵等阳离子的平衡关系。尤其适用于过去常施用化肥而后转换而来的有机茶园。

2.白云石粉施用方法

白云石粉主要含有碳酸镁和碳酸钙，一般钙的含量高于镁的含量，而茶树是“嫌钙”作物，因此，在施用时必须注意：①当土壤pH降到4.5以下时才可施用，pH在4.5以上的茶园一般无需施用；②不宜集中施，应以撒施为主，把白云石粉均匀地撒到行间，然后通过耕作把它埋到土中；③每次施用量不宜过多，每年或隔年施一次，每次每亩施30～50公斤为妥；④施用后要经常测定土壤pH的变化情况，当pH上升到期5.5以后，应停止使用；⑤白云石粉使用前，需磨碎过100目以上筛，越细效果越好；⑥白云石粉不能与速效氮、磷等混合施用，否则会引起脱氮和磷退化等而降低效果。

（三）饲养蚯蚓技术

蚯蚓是大家经常见到的一种地下生物，千百万年来，它默默无闻地生活在泥土里，耕耘不止，增添着土地的养料。一方面蚯蚓通过蠕动增加土壤空气度，进而增加土壤中氧气的含量。另一方面，蚯蚓的粪便能够促进土壤形成团粒结构，团粒结构能够有效地增加土壤保肥和保水的能力。此外，蚯蚓对土壤中的重金属、有机污染物也有清除作用。所以说，蚯蚓是改良土壤的能手。（彩图3–2：饲养蚯蚓、彩图3–3：茶园蚯蚓）

蚯蚓粪作为一种高效有机肥料，最大的特点是将有机物、微生物、生长因子合理结合起来，改善土壤环境，最终达到增肥、抗病、养土的目的。据了解，蚯蚓粪的颗粒均匀、无味卫生、保水透气能力比一般土壤高3倍。其中包含18种氨基酸，含有机质42.2%，有益菌每克20万～2亿个。有机质含量40%左右，经过2次发酵和2次动物消化，所形成的有机质易被植物吸收。蚯蚓粪有机肥可促进土壤团粒结构的形成，提高土壤通透性、保水性、保肥力，有利于微生物的繁殖和增加，使土壤吸收养分和储存养分的能力增强；经蚯蚓消化后的有机质颗粒细小，表面面积比消化前提高100倍以上，能提供更多的机会让土壤与空气接触，从根本上解决土壤板结问题。

茶园饲养蚯蚓优点很多，首先，它可吞食茶园枯枝烂叶，使未腐解的有机肥料变成粪便，促进土壤有机物的腐化分解，加速有效养分的释放，提高土壤肥力。其次，蚯蚓的大量繁殖和生长，可疏松土壤，增加土壤孔隙度，有利茶树根系的生长。此外，蚯蚓躯体是含氮很高的动物性蛋白质，在土壤中死亡腐烂，是很好的有机肥料。茶园饲养蚯蚓是绿色有机茶生产的重要土壤管理措施之一，其具体做法一般分两个步骤，先在蚯蚓床中培养虫种，然后放养到茶园。

1.虫种培养

先在茶园地边挖几个长3～4米、宽1～1.5米、深0.3～0.4米的坑，坑底铺上10厘米左右较肥的壤土。壤土上放一层稍经堆腐的枯枝烂叶、青草、谷壳、畜栏粪便及厨房垃圾等作为蚯蚓的食料，做成蚯蚓床。在食料上再铺上10～15厘米的肥土，每天浇点水，使蚯蚓床保持50～60%的含水量，约过半个月，使食料充分腐烂。然后，从肥土地里挖取收集蚯蚓，挖开蚯蚓床的盖上，把收集到的蚯蚓接种到蚯蚓床内，每平方米接种30～50条。以后经常浇水，保持床内湿润，经过数月后，蚯蚓开始在床内大量生长繁殖，即可作为茶园接种用。

2.放养茶园

先在茶园行间开一条宽30～40厘米，深30厘米的放养沟，沟里铺放堆沤肥、草杷、栏肥、茶树枯枝落叶、稻草等物，加上少量表土拌和均匀，然后挖出事先准备好的蚯蚓培养床中的蚯蚓、蚯蚓粪便及未吃完剩余的枯枝落叶等杂物，一起分撒到茶园放养沟中，然后盖上松土，浇水，让蚯蚓自然生长、繁衍。每年结合施基肥，检查一次蚯蚓生长情况并加稻草、杂草、枯枝落叶等蚯蚓的食料，如发现蚯蚓生长不良，要继续接种，直到良好生长为止。

三、茶园稻草覆盖技术

茶园稻草覆盖的作用是多方面的。首先，它可以减缓地表径流速度，促使雨水向土层深处渗透，既可防止地表水流失，又可增加土层蓄水量，起到保水抗旱的作用。其次，茶园铺草可以抑制杂草生长。再次，茶园铺草还可以增加土壤有机质，有利于土壤生物繁殖，提高土壤肥力。最后，茶园铺草还可以稳定土壤的热变化，夏天可防止土壤水分蒸发，具有抗旱保墒作用，冬天可保暖防止冻害。

（一）稻草选择和处理

用作有机茶园土壤覆盖的有机物料很多，如山草、稻草、麦秆、豆秸、绿肥、蔗渣、薯藤等都可以。但最好以山草为主，它不含农药，没有受化肥等化学物质的污染，属自然生长的天然物。但山草常常带有许多病菌、害虫及种子等，如不进行适当处理，往往会把病菌、害虫和草种带入茶园，增加茶树的病、虫、草害。山草处理方法：一是暴晒，二是堆腐，三是消毒。

1.曝晒处理

把收割下来的各种山草先在晒谷场铺成约30厘米厚的草坪，让阳光自然曝晒，利用阳光中的紫外光杀死病菌，同时一些害虫也因曝晒而自然死亡。

2.堆腐处理

利用茶园地边、地角处建蓄水池，山草采收后，在蓄水池内按一层山草，喷洒一层生物发酵液，一层一层堆放后，让其发酵，利用堆腐时的高温把病菌、病虫及种子杀死，然后把没有完全腐解的草料铺到茶园中。

3.石灰处理

除用曝晒和堆腐处理外，也可以采用石灰水消毒。就是把收集的鲜草堆放在茶园的边角处，然后喷洒5%的石灰水堆施一段时间后再搬到茶园。这样也可减少山草病菌对茶园的污染。如果采用的农作物，如稻草、麦秆、豆秸、薯藤、甘蔗渣等含有农药残留物，则不能使用。

（二）铺草方法

夏季易出现干旱或气温低土壤易结冻的茶园，可以在7～8月份铺草，待翌年春茶前结合施肥将草翻入茶园作肥料。新垦地的移栽幼龄茶园，无论是秋季11月份移栽或是春天2月底、3月初移栽都必须在移栽结束后立即铺草。铺草的厚度，一般要求在8厘米以下，以铺草后不露土为宜。一般成龄采摘茶园每亩铺干草不少于2000公斤，幼龄茶园不少于3000～4000公斤，有条件的则多多益善。

四、茶园绿肥间作栽培技术

茶园间作绿肥的主要目的是改良茶园土壤理化性质，增加有机肥源，不断提高茶园土壤肥力，为绿色有机茶生产创造良好的土壤条件，促进茶树生长。茶园种植绿肥，要避免与茶树争肥、争水、争光等现象的发生，要根据绿肥习性、茶园土壤特点、树龄及气候特点等因素，因地制宜地选好绿肥种类和适合的品种。对1～2年生幼龄茶园要选用矮生或匍匐型绿肥，如伏花生、绿豆等，既不妨碍茶树生长，又有利于水土保持；对于3～4年生茶园，可选用早熟、矮生的绿肥，如红豆、黑毛豆、小绿豆等，可防止与茶树形成生长竞争的矛盾。坎边绿肥以选用多年生绿肥为主，江西茶区可选用紫穗槐、知风草、霜落、大叶胡桂子等。茶园可间作的绿肥品种及特性列于表3–2、表3–3、表3–4。

表3–2　春播夏季绿肥品种及特性

品种	株型	抗旱性	抗脊性
豇豆	半蔓生型	+++++	+++
猪屎豆	高秆型	+++++	+++++
柽麻	高秆型	+++++	++++

续表

品种	株型	抗旱性	抗瘠性
绿豆	矮生型	++++	++
饭豆	蔓生型	++++	+++
花生	半匍匐型	+++++	+++
大豆	矮生型	++	++
注："+"表示特性的强弱，符号越多表示越强。表3、表4同。			

表3–3　秋播冬季绿肥品种及特性

品种	抗寒性	抗旱性	抗瘠性
紫云英	++	+	++
黄花苜蓿	++	++	++
苕子	++++	++++	+++
蚕豆	++	+++	++
豌豆	+++	+++	+++
肥田萝卜	+	++++	++++
箭舌	+++	++++	++++

表3–4　坎边多年生绿肥品种及特性

品种	株型	抗寒性	抗旱、抗瘠性
爬地木兰	匍匐型	+	+++
紫穗槐	小灌木型	+++++	++++
木豆	小灌木型	+	++++

（一）不误农时，适时播种

江西省大部分茶区冬季少雨气温较低，茶园冬季绿肥如果播种太晚，在越冬前绿肥苗幼小，根系又浅，抗寒抗旱能力弱，易遭损害，影响苗期成活率，从而也影响绿肥产量。据浙江省绍兴市经验，在当地气温条件下，茶园间作紫云英如果在秋分至寒露之间播种，每亩产量达2750～3000公斤；寒露左右播种，每亩产量在2250公斤以下。在适宜的播种期内，如水分和气候条件许可，要力争早播，以利于高产优质。对于春播夏绿肥也一样，太早播种，气温低，不易出苗，遇到"倒春寒"会受冻，成活率低；播种过迟，推迟生长，会贻误良好的利用时机。一般在江西广大茶区，秋播冬绿肥在9月下旬至10月上旬播种较为恰当，春播夏绿肥在4月上旬为妥。南北茶区因气温差别，可适当提早或推迟播种。

（二）合理密植

因地制宜、合理密植是茶园间作绿肥成败的关键。如果间作密度过大，虽然可以充分利用行间，获得绿肥高产，但会影响茶树的生长。反之，如果间作太稀，则不能充分利用行间空隙，绿肥产量低。茶园间作绿肥时宜采用绿肥行间适当密播，绿肥与茶树之间保持适当距离，尽量减少绿肥与茶树之间的矛盾。在江西广大茶区间作绿肥，条栽茶园夏季绿肥宜采用“1、2、3对应3、2、1”的间作法，即1年生茶园间作3行绿肥，2年生茶园间作2行绿肥，3年生茶园间作1行绿肥，4年生以后茶园不再种绿肥。至于冬季，由于茶树与绿肥之间矛盾少，可以适当密播。如果采用油茶、肥田萝卜、紫云英、苕子混播或采用豌豆、肥田萝卜、黄花苜蓿混播，绿肥之间可取长补短，互相依存，有利于抗寒和抗旱，产量可比单播高出40%～70%。

（三）根瘤菌接种

在新垦茶园或换改种植茶园的土壤中，能与各种豆科绿肥共生的根瘤菌很少，茶园间作绿肥产量不高，品质也差。因此，在茶园间作绿肥时，要选用相应的根瘤接种。据试验，新茶园间作冬季绿肥紫云英时，用根瘤菌接种的比不接种的可提高5%～10%。此外，在一般红壤茶园中，钼的含量低，绿肥根瘤菌往往发育不良，固氮能力弱，如果在根瘤苗接种时拌以少量钼肥，可大大提高绿肥固氮能力。但根瘤菌对应植物有专一性，接种时要“对号入座”，绿肥与菌种之间不能张冠李戴。

（四）及时刈青

各种绿肥，尤其是夏季绿肥中的高秆绿肥，如田菁、大叶猪屎豆、大绿豆等，株体高大，后期生长迅速，吸收能力强，在茶园中间作常会妨碍茶树正常生长。也有的蔓生绿肥，如藤蔓，缠绕茶树会影响茶树生长。这时，就需要通过刈青来解决。另外，绿肥一定要及时翻埋，一般在绿肥处于上茶下荚时割埋最好，为了经济效益也可采取采收部分豆荚后翻埋，但不能等完全老化后才割埋。据试验，在老式茶园中间作大叶猪屎豆等高秆绿肥，如果不及时刈青利用，对夏、秋茶影响很大，可减产50%左右，如及时进行数次刈割理青，可使茶叶产量提高17%～23%，效果十分显著。

（五）利用零星地块、广辟肥源

茶树种植绿肥只能在幼龄茶园、台刈改造后1～2年的茶园和密度不大的老茶园中间作，而成龄投产茶园中则不宜种植。一般间作绿肥也不宜在茶园中留种，否则会影响茶树的生长。为了扩大绿肥种植面积，除了在幼龄茶园中间作绿肥之外，应有计划地利用一切可以利用的土地，建立绿肥基地，增加绿肥肥源。这对于绿色有机茶园十分重要。在绿色有机茶园较集中的地方，要规划一部分集中成片的土地，统筹安排，专门生产绿肥。专用绿肥基地的土地，最好选择荒山或有待改造后作绿色有机茶生产的土地。此外，绿色有机茶园大部分分布在山区、地块割裂，某些零星地块不宜建立茶园，这些地块是种植绿肥的理想处所；路边、沟边、水库、塘堰四周亦可充分利用。零星种植的绿肥应以多年耐刈青的高秆绿肥为主，结合护路、护梯、护坎有计划地种植。

五、茶园杂草控制技术

生产绿色有机茶的茶园大多水热条件好，四周生态条件也好，杂草极易滋长。杂草不仅与茶树争光、争肥、争水，又是病虫栖息的场所和传播的媒介，一有疏忽就会造成草荒，必须及时除去。

绿色有机茶园杂草防治禁止使用化学除草剂，可以使用物理与机械防治、生物防治等手段，在防治中也要充分考虑到杂草的有害和有利的两重性，对茶树危害较大的如白茅草、蕨类、肛板归、小竹等宿根性或多年生小灌木要彻底消除，而对一般性杂草不必全部清除。茶丛密度大，茶园行间郁闭的有机茶园杂草稀少，不会构成危害，而幼龄茶园因行间空间大、杂草容易生长，应加强防治。有机茶园杂草防治主要有以下几种方法：

（一）物理和机械防治

包括人工除草、割草机切割、行间中耕、埋草和松土等中耕，这对于一些没有条件铺草的茶园尤为重要。一般春茶开采前要进行一次浅耕（深约10厘米）削草，清除越冬杂草；春茶结束后浅耕削草，可疏松采茶时踏实的表土，同时可推迟夏草生长。6月份，江西省处于梅雨季节，杂草生长快，一般在梅雨结束要进行一次浅耕除草。8~9月份是秋草生长、开花结籽的时期，这时除草对防止第二年杂草生长有重要作用，要抓紧进行。因此，没有铺草条件的有机茶生产茶园，尤其是茶行间距大的茶园，一年4次浅耕除草是不可少的。除草要选择晴朗的天气进行，把杂草晒干，使它失去再生能力，同时也可起到杀虫消毒作用。经过暴晒后的杂草翻埋作肥料，以提高土壤肥力。

（二）行间覆盖

茶树以条栽为主，随着茶树的生长，行间距缩小，杂草的发生量相应会减少。如果行间使用山草作物秸秆、茶树修剪物、绿肥等进行土壤覆盖，可以进一步抑制杂草的萌芽和生长，同时对于保持水土、改善土壤团粒结构、提高土壤肥力均有良好的效果，是以草治草的好方法。

（三）生物防治

从食性层次来看，杂草是供食者，许多昆虫病原体、脊椎和无脊椎动物对杂草的生长均有抑制作用。茶园杂草可以通过放牧进行生物防治，比如在茶园中放养兔子、鸭、鹅等。（彩图3-4：生物除草）

第二节　茶园水分调控技术

茶树是喜温润作物，需水量很高，在自然条件下，主要依靠降雨。江西省多数茶区年降雨量达1200～1800毫米，基本符合茶树对降水量要求。但由于各月降雨量分配不够均匀，也常常出现供水不足情况。如夏、秋茶期间（7～9月），光照强，气温高，茶树耗水量很大。而在这一时期，降水量很少，蒸发量大，常出现高温干旱现象，这时进行茶园灌溉，对茶叶优质高产，以及茶树生长都有好处。

水在茶树生命活动中的作用：①水是茶树重要组成部分，占茶树总重的60%左右；②水是茶树进行光合作用，制造有机物质的原料；③水是茶树吸收与运输各种物质的媒介，这些物质都要先溶解于水，才能被茶树吸收和运转；④水分可以维持茶树体细胞及组织的紧张度，使茶树各器官保持一定姿态；⑤水分可供茶树蒸腾，调节茶树树体温度。总之，茶树只有在足够的水分条件下，才能进行正常的生命活动。

茶树在生长过程中，其需水有如下特点：①明显的季节性变化。在江西省成年采摘茶园，全年需水量约1300毫米，其中4～10月份生长季节的需水量接近1000毫米；11月至翌年3月，需水量约为300毫米左右。②生长旺盛的成年茶园的需水量要大于幼年茶园。③土壤湿度大、气温高时，茶树蒸腾强度较大，土壤表面的蒸发量也较大，这时茶树的耗水量当然就大；反之，茶树耗水量就较小。总之，茶园水分只有当降水（包括雨水、灌溉等）与失水（茶树蒸腾、地面蒸发、地表径流、地下渗漏等）达到基本平衡时，茶树才不至于出现干旱或渍水。

目前，江西省降雨主要集中在4～6月，占全年降雨量的70%～80%，到7～10月，夏秋季节的降水量只有10%～30%，会出现间断性的高温干旱，特别是山区和半山区有机茶园无灌溉条件，只依靠天然降水维持茶树生长。这种雨水的时间与空间分布不匀，既分散又难以预料。因此及时采取旱季茶园补充性灌溉措施，有利于实现稳定茶叶产量和品质。实践证明，凡在干旱季节对茶园进行合理灌溉的，都能取得不同程度的增产提质效果。

一、茶园灌溉用水要求

随着今后绿色有机茶效益的提高和设施农业技术的发展，采用不同形式的灌溉方式（如喷灌或滴灌）是绿色有机茶生产发展的方向。绿色有机茶园灌溉对水的质量也有严格的要求，具体见第二章第一节。

二、茶园灌溉管理技术

（一）喷灌技术

茶园喷灌系统主要由水源、输水渠系、水泵、动力、压力输水管道及喷头等部分组成。并按组合方式分为移动式、固定式和半固定式三种类型。移动式喷灌系统由动力设备、有压输水管道和喷头组成，设置在有水源的茶园。机组可用手抬，也可用手推车式，具有使用灵活，投资少，操作简便，利用率高等特点；但转运搬动多，较费时。固定式喷灌系统，除喷头外，均固定不动，其干、支管道常埋设在茶园土层内，由水源、动力机和水泵构成泵站，或利用有足够高度的自然水头，与干、支管道组成一套全部固定的喷灌系统。喷头装在与支管连接的竖管上，可作圆形或扇形旋转喷水。如果面积较大，需要配备几组喷头，循环分组轮灌。它操作简便，节省劳动，生产效率高，便于配套自动控制灌溉，适于灌期长的茶园和苗圃应用，但所需设备管材较多，投资较高。半固定式喷灌系统，干管埋设地下，采用固定的泵站供水或直接利用自然水头。支管、竖管与喷头可以移动，用支管的接头与干管的顶留阀门连接，进行田间喷灌作业。

喷头是喷灌系统的重要组成部分，喷头的技术性能通常以工作压力、喷水量、射程、平均喷灌程度、喷灌均匀度、水滴直径（雾化程度）和自转速度等指标来表示。喷头的种类很多，如按其工作压力和射程大小可分三种：

一是低压喷头：工作压力1～3公斤/平方厘米，喷水量小于10立方米/小时，射程小于10米。

二是中压喷头：工作压力3～5公斤/平方厘米，喷水量10～40立方米/小时，射程

20～40米。

三是高压喷头：工作压力大于5公斤/平方厘米，喷水量大于40立方米/小时，射程大于40米。

按照喷头的结构类型与水流性，又可分为旋转式（也称射流式）、固定式和孔管式三种。

在茶园喷灌中，多采用低压和中压喷头，其中以旋转式的摇臂喷头应用较多。如50型等喷头较适用于茶园喷灌。因为这些喷头都属于中、近射程，能量消耗少，喷头性能与茶园所要求的喷灌技术较适合，喷灌质量较好。

茶园喷灌与地面灌水方法相比，首先，可使灌水量分布均匀，可省水50%以上，水的利用率达80%左右；其次，喷灌可改善茶园小气候，促进茶树生育，经济效益较高。再次，喷灌机械化程度高，适应地形能力强，因此可成倍地提高工效。最后，喷灌系统还可提高土地利用率达10%左右，如果配合喷施根外追肥等可发挥其综合利用效益。 但喷灌也存在在一些缺点，例如受风的影响较大，一般3级以上风力，部分水滴易被风吹移；当空气高温低湿时，水滴在空中蒸发损失可达10%左右；喷灌需要机械设备较多，尤其是固定式喷灌系统，一次性投资较大。

茶园喷灌虽优点较多，但要发挥它的优势，必须精心规划，因地制宜地作好技术设计，在选用与确定各类型的喷灌系统时，既要考虑当地的水力资源和动力设备条件，又要考虑经济效果。在具体运用中除了做到适时、适量外，还要掌握如下的技术要求：

第一，喷水的雾化程度要适中，水滴直径以2毫米为宜，不会对茶叶与土壤产生过强的冲击。

第二，喷灌面上的水量分布要力求均匀，这就要求喷头的组合喷洒均匀系统应在80%以上。

第三，各种喷灌系统在使用中应制订必要的规章制度，遵守操作规程，定期维修保养。

最后，旱季茶园喷灌要与增施肥料，及时采摘等肥培管理措施密切配合。充足的水分可以充分发挥肥料效应，促进茶树生长旺盛；而及时采摘，既可多收，又可保证茶叶质量。（彩图3–5：喷灌、彩图3–6：雾喷）

（二）渗灌技术

渗灌又称地下灌溉，是将灌溉水由输水渠送入地下管道（暗道），通过管道的透水使水借土壤的毛细管作用，向根系活动层上、下、左、右浸润，供茶树吸收利用的一种灌水方法。由于渗灌可与施用液肥结合，因此又可称为管道施肥灌溉系统。研究结果表明：茶园应用管道渗灌施肥能及时适量地将水肥均匀地直接送达根系，供其吸收利用，与等量肥料沟施相比，可增产茶叶15%，具有明显的节约用水、提高肥效以及保持土壤结构的优点。主要缺点是一次性投资较多，平时如有故障，修理不便。

修建茶园渗灌系统时，平地或缓坡茶园可隔行建管，留一行便于深翻改土。管道应埋设在茶行中间，深度以40厘米左右为宜。建管的沟道坡降要小，约为1/1000。若茶行首尾高差超过60厘米时，需作管道降级处理。管道降级埋设时，管尾须适当提高，在后方可下降，以保灌水时前段能灌满。管道内径7～10厘米为宜，不能过小。管上的透水孔一般在4～6毫米，呈梅茶形颁。为防止管道及透水孔的堵塞，需采取多层过滤，如设置肥水贮备池、沉沙井及其过滤网，并提高管道透水孔的位置。茶园渗灌要与沉沙井、排气筒、肥水贮备池、输水渠等相配套。

使用茶园渗灌时，只需插好截流闸板，打开泄水柜开关，就能使水沿着输水渠流进渗水管道，按管道顺序进行茶行灌水。根据广东汶塘茶场的经验，一般茶园开沟施化肥每亩约需一个工人，而采用管道渗施，只需两人操作，一天可完成60亩，便于田间管理与机械操作，省工省时又省地。特别是在干旱季节，茶园渗灌施肥，既能抗旱，又提高了水肥利用率，可见渗灌是茶园取得高产优质的重要技术措施，发展潜力较大。

（三）滴灌技术

滴灌，顾名思义即滴水灌溉。将灌溉水（或液肥）在低压力作用下通过管道系统，送达滴头，由滴头形成水滴，定时向茶树根际供应水分和养分，使根系土层经常保持适宜的土壤湿度，能提高茶树对水分与肥料的利用率，从而达到省水增产的目的。（彩图3.7滴灌）

1.滴灌系统配置

滴灌系统主要由枢纽、管道和滴头三部分组成。枢纽包括动力、水泵、水池（或水塔）、过滤器、肥料罐等。管道包括干管、支管、毛管以及一些必要的连接与调节设备。干、支管多采用高压聚氯乙烯塑料制成，管径为25～100毫米，毛管是最末一级管道，一般用高压聚乙烯加炭黑制成，内径为10～15毫米，其上安装滴头。滴头是滴灌系统中的重要组成部分，用量最多。适合茶园应用的部分国产滴头与性能如下：

管式滴头：属长流道类型，聚乙烯制成，流量为2.0～5.0公升/小时，工作压力为1.2公斤/平方厘米。

螺帽式滴头：为孔口式，属短流道型，材料是高压聚乙烯，流量为2公升/小时，压力为1.2公斤/平方厘米。

龟形滴头：多孔式，属短流道型，材料为低压聚乙烯，流量为7.4公升/小时，工作压力1.2公斤/平方厘米。

发丝滴头：属长流道型，材料是软聚氯乙烯，流量为3公升/小时，工作压力1.2公斤/平方厘米。

茶园滴灌系统的设计，枢纽部分应尽量高于中心位置，这有助于缩短输水距离与控制较大的滴灌面积。采用移式滴灌系统，即将枢纽部分和主管道固定，而将毛管与滴头移动，轮流灌溉，可提高设备利用率，降低投资成本。在有条件的地方，可以利用自然水头落差或在高处修建水池、水塔进行滴灌。滴灌管道的布置，一般支管道与主管道垂直，毛管分布在支管两侧。

与喷灌和流灌相对比，茶园滴灌具有水分利用率高，可配合供水通过管道同时将液肥施入茶园等优点。在不损伤茶树根系的条件下，通过管道输送液肥，可及时供给茶树养分和水分，减少肥水的浪费，改善土壤透气性能，从而提高茶叶产量。但滴灌要求水压较高，需要的设备也较复杂。

2.滴灌对茶叶产量的影响

由于滴灌提高了土壤含水量和空气湿度，降低了茶园气温，能够明显提高茶叶产量。在肥料用量相同的条件下，通过管道供应肥水的对照比较，肥液在全年均匀施用时，对春茶的效果不大，而对夏、秋茶增产效果显著，供水区则以秋茶的效果较好。

3.滴灌对茶树生育的影响

普通栽培的茶树根系是在地下5～30厘米范围内向行间中央作水平发展，而滴灌施肥区，其根系集中在有孔管的下层，根系向地表下10～50厘米的下层作水平垂直分布，这种立体式发展的根系提高了养分的吸收效率。茶园滴灌也提高了茶芽的萌发率，增加了采茶轮次，通过管道供应肥水的处理，茶树的树高、树幅、叶面积指数、芽叶重量、正常芽叶比例和根系重量等指标，均比对照有明显的增长。

4.滴灌可以节约用水

茶园滴灌通过管道供水，不但比流灌能节约用水，而且比喷灌也少。试验结果表明，旱季喷灌每7～10天需喷水15~20立方米/亩，而滴灌在相同时间内每亩只供水12立方米。滴灌作为供水系统，主要是更能避免水的流失，使根系部分较易达到湿润的要求。与对照相比，茶园滴灌使土壤中保持水分较多，特别在夏秋季尤为明显。

三、茶园保水管理技术

江西茶园多山地、低丘，灌溉条件差，有时无合适水源，抗旱能力弱，因此，应采用农艺措施来保持土壤中的水分，以缓解旱情。

（一）传统保水技术

茶园铺草能减少土壤水分蒸发，改善土壤结构，增强土壤保水蓄水能力，增进土壤肥力，防止水土冲刷，还能抑制杂草生长。所以，茶园铺草的效果比临时灌溉更好。若能结合进行灌溉，效果更佳。（具体铺草方式见本章第一节）

（二）现代保水技术

随着现代技术的发展，现代保水技术也取得了突破性的发展，保水剂在玉米、花生等大宗农作物的应用证明其在保水、保肥、保温、改良土壤方面都有作用。

1.保水剂的组成及功能

保水剂是一种吸水能力特别强的高功能分子材料。它能迅速吸收比自身重数百倍甚至上千倍的去离子水，数十倍至近百倍的含盐水分，并且具有重复吸水的功能，吸水后膨胀为水凝胶，然后缓慢释放水分供种子发芽和作物生长利用，从而增强土壤保水性能，良土壤结构，减少水的深层渗漏和土壤养分流失，提高水分利用率。保水剂适合在降水稀少、雨水年季分布不均匀的地区，以及缺少灌溉水源的区域使用。

目前，我国使用的保水剂为聚丙烯酸钠，白色或浅灰色颗粒状晶体，主要成分有聚丙烯酸钠88%（其中含钠24.5%），水（8%～10%），交联剂（0.5%～1.0%）。其主要特点是吸水倍率高，吸水速度快，但保水性能只能保持2年有效。据试验观测，这类产品的吸水能力和吸水速率明显高于聚丙烯酰胺产品，在土壤中如遇充分给水，0.5～1.0小时后便迅速吸收自重的130～140倍的水分，但第二年的吸水倍率要降低约60%左右。由于聚丙烯酸钠会造成土壤中钠离子含量递增，林业和农业用保水剂的生产厂家大多改为生产聚丙烯酸钾或聚丙烯酸铵。

2.保水剂的作用原理及施用技术

（1）保水剂的作用原理

保水剂不同于一般树脂，也不是以单体形式出现。它既不会燃烧、爆炸，也无毒、无腐蚀性、不溶于水。是通过亲水性基团的网状结构来吸进自然水，吸水后膨胀为水凝胶，又因环境干旱形成的土壤水分蒸发蒸腾和植物的根抽力而缓慢释放水分，以保持周边土壤潮湿供植物根系吸收利用。

保水剂不仅具有吸收水分的作用，还可以将土壤中的水溶性肥料（如氮、磷、钾肥）等吸收起来，供植物施用，有效减少肥料和农药渗漏流失，减轻环境污染。由于保水剂吸存了大量水分，可以降低土壤环境温度的变化，具有一定的土壤保温作用，即夏日隔热，冬季保温，避免因气候变化形成的土壤温差影响植物的正常生长。同时其反复的收缩与膨胀给土壤营造大量的孔隙，提高土壤透气性，改善根际环境，同时也增强根际微生物的活动，加快根际周围有机矿物质的分解，有利于根系吸收，促进根系和植物的生长发育，改良土壤基质环境，防止土壤板结。

（2）保水剂的施用技术

保水剂不是造水剂，其本身不能制造水分，对植物起到的是间接调节作用，只有在具备一定的降水、灌溉等条件下，保水剂才能发挥其吸水、保水保肥的作用。

保水剂首次施用时一定要浇透水，部分高山和低丘无法灌溉茶园应在雨季前施用。同时，保水剂表层拌土虽有一定的抑制土壤蒸发的效果，但深层施用效果不明显，所以施用后要采取覆盖措施以防止土壤水分蒸发。一般情况下，将保水剂与土壤0.1%充分混匀后施入表土5～20厘米的深度为宜，施用过深起不到相应的效果，也不能施在土壤表面，因为产品长时间见光会加速分解，缩短使用寿命。

第三节　茶园肥培管理技术

一、茶园肥料要求

绿色有机茶园肥料使用有特殊的要求，绿色有机茶园的主要肥源是有机肥，可以使用经无公害化处理的堆肥、沤肥、厩肥、沼气肥、绿肥、饼肥，以及不含化学合成物质的茶园专用肥。有机肥料的污染物质含量应符合表3-5的规定。矿物源肥料、微量元素肥料和微生物肥料，只能作为培肥土壤的辅助有机肥料。微量元素肥料在确认茶树有潜在缺素危险时作叶面肥喷施。

表3-5　商品有机肥料污染物质允许含量（毫克/公斤）

项目	浓度限制
砷	≤30

续表

项目	浓度限制
汞	≤5
镉	≤3
铬	≤70
铅	≤60
铜	≤250
六六六	≤0.2
滴滴涕	≤0.2

二、茶园肥料施用准则

绿色有机茶园施肥须遵循相应的准则，然后根据茶树营养学特性和茶园土壤理化性质，科学合理施肥。

（一）施肥准则

1.禁止施用各种化学合成的肥料。禁止施用在城乡垃圾、工矿废水、污泥、医院粪便，以及受农药、化学品、重金属、毒气、病原体污染的各种有机无机废弃物。

2.严禁使用未经腐熟的新鲜人粪尿、畜禽粪便，如果施用，必须经过无害化处理，以杀灭各种寄生虫卵、病原菌、杂草种子，使之符合有机茶生产规定的有关标准。

3.有机肥原则上就地取材，就地处理，就地施用，外来农家有机肥经过检测确认符合要求才可使用。一些商品化有机肥、有机复混肥、活性生物有机肥、有机叶面肥、微生物制剂肥料等，必须明确不含化学合成物质。

4.施用天然矿物肥料后，必须查明主、副成分及含量，原产地贮运、包装等有关情况，确认属无污染、纯天然的物质后方可施用。

5.大力提倡间作各种豆科绿肥，施用草肥及修剪枝叶回园技术。

6.定期对土壤进行监测，建立茶园施肥档案制，如发现是因施肥而使土壤某些环境质量要求超标或污染的，必须立即停止施用。

（二）肥料选择

根据绿色有机茶园施肥准则，可用什么肥料，要经过严格的选择，现介绍如下：

1.禁止施用的肥料

（1）化学氮肥：指化学合成的硫酸铵、尿素、碳酸氢铵、氯化铵、硝酸铵、氨水等。

（2）化学磷肥：指化学加工的过磷酸钙、钙镁磷钾肥等。

（3）化学钾肥：指化学加工的硫酸钾、氯化镁、硝酸铵等。

（4）化学复合肥：指化学合成的磷铵、磷酸二氢钾、进口复合肥、复混肥等。

（5）叶面肥：含有化学表面附着剂、渗透剂及合成化学物质的多功能叶面营养液、稀土元素肥料等。

（6）城市垃圾：含有较高的重金属和有害物质，故不宜施用。

（7）工厂、城市废水：含有较高的重金属和有害物质，故不宜施用。

（8）淤泥：含有较高的重金属和有害物质，故不宜施用。

2.允许施用的肥料

（1）堆（沤）肥：指农家有机肥，经过微生物作用和高温生物无害处理数周，肥料中不允许含用任何禁止使用的物质。

（2）畜禽粪便：经过堆腐和无害化处理。

（3）海肥：经过堆腐充分腐解

（4）各种饼肥：茶籽饼、桐籽饼等要经过堆腐，其他饼肥可直接施用。

（5）泥炭（草炭）：高位或低位，未受污染，重金属含量不超标的。

（6）腐殖质酸盐：如褐煤、风化煤、天然矿物等，要粉碎通过100目才可使用。

（7）动物残体或制品：如血粉、鱼粉、骨粉、蹄粉、角粉、皮粉、毛粉等，蚕蛹（堆腐后）、蚕砂。

（8）绿肥：春播夏季绿肥，秋播冬季绿肥，坎边多年生绿肥，以豆科绿肥为最好。

（9）草肥：山草、水草、园草等，要经过曝晒、堆、沤处理后施用。

（10）天然矿物和矿产品：指磷矿粉、黑云母粉、长石粉、白云石粉、蛭石粉、钾盐矿、硝矿、无水镁钾矾、沸石、膨润土等，有害重金属元素含量不能超标。

（11）氨基酸叶面肥：指以动、植物为原料，采用非基因转换的生物工程而制造的氨基酸产物肥料，并经有机认证。

（12）菌肥：指钾肥菌、磷细菌、固氮菌、根瘤菌、有益复合微生菌等，并经有机认证肥料。

3.限制施用的肥料

（1）硫肥：指天然硫黄，在非生产季节可使用石硫合剂封园，在缺硫的土壤中谨慎施用。

（2）微量元素、叶面肥：指硫酸铜、硫酸锌、钼酸钠（铵）、硼砂等，只有缺素的条件下才可施用，喷洒浓度要小于0.01%。

（三）有机肥料无害化处理

有机肥料无害化处理方法很多，有物理方法、化学方法和生物方法三种。

1.EM堆腐法

其具体做法如下：

第一步：先到市场上购买EM原液，按清水100毫升和蜜糖或红糖20~40克、M酪100毫升、烧酒（含酒精30%～35%）100毫升和EM原液50毫升的配方，配制成备用液。

第二步：将人畜禽粪便风干，使含水量为30%～40%。

第三步：取稻草、玉米秆、青草等物，切成1～1.5厘米长的碎片，加少量米糠拌和均匀，作堆肥时的膨松剂。

第四步：将稻草等膨松物与粪便重量按1∶10混合搅拌均匀，并在水泥地上铺成长约6米，宽约1.5米，厚20～30厘米的肥堆。

第五步：在肥堆上薄薄地撒上一点米糠或麦麸等物，然后再洒上制备好的EM配方稀释液，每1000千克肥料洒1000～1500毫升。

第六步：上面再铺第二层，每一堆肥料铺3～5层后上面盖好塑料布，使其发酵，当肥料堆内温度升到45～50℃时翻一次。一般要翻动几次才可完成。完成后，一般肥料中长有许多白色的霉毛，并有一种特别的香味，这时就可以施用了。一般夏天要7～15天完成，春天要15～25天完成，冬天要更长时间。水分过多会使堆肥失败，有恶臭味。

2.自制发酵催熟粉堆腐法

如果当地买不到EM原液，也可以采用自制发酵催熟粉代用。自制发酵堆肥催熟粉配方及堆肥制法如下：

第一步，先准备好以下原料：

米糠：稻米糠、小米糠等各种米糠均可。

油粕：油料经榨油后的残渣，如菜籽油粕、花生油粕、蓖麻子油粕、大豆油粕等均可。

豆渣：制造豆腐等豆制品后的残渣，无论原料是什么豆类，或制造什么豆制品产生的残渣均可。

填充料：草炭粉、风化煤粉或黑炭粉或沸石粉。

酵母粉：市售酵母粉。

糖类：红糖或白糖。

第二步，按配方配好发酵催熟剂并进行发酵：

具体操作：按米糠14.5%、油饼14%、豆粕13%、糖类8%、水50%和酵母粉0.5%的比例配方，先将糖类添加于水中，搅拌溶解后，加入米糠、油粕、豆渣和酵母粉，再经充分搅拌混合后，堆放，于30℃以上的温度保持30～50天进行发酵。

第三步，配制发酵催熟粉：

发酵催熟剂用草炭粉或沸石粉按1：1的比例进行掺和吸收，仔细搅拌均匀，风干后就制成堆肥催熟粉。

第四步，制堆肥：

先将粪便风干，使含水量至30%～40%。将粪便与稻草（切碎）等膨松物按重量100：10混合，每100千克混合肥中加入0.5～1千克催熟粉，充分拌和使之均匀，然后堆积成高1.5～2米左右的肥堆，进行发酵腐熟。在此期间根据堆积肥料因腐熟而产生的温度变化，即可判定堆肥熟化的进程。

当气温为15℃时，堆积后的第3～7天堆积肥料表面以下30厘米处的温度可达50～70℃，经过几次翻动，使各部位的堆肥都能得到充分发酵，在高温下消毒杀菌灭草，待堆肥的含水量为30%左右，再后熟3～5天便施用，全过程30～40天即可结束。

这种高温堆腐也可把原粪便中的虫卵杂草种子等杀死，大肠杆菌臭气等也可大为减少，达到无害化的目的，但效果跟EM堆腐法相比要稍差些。

3.工厂化无害化处理技术

如果有大型畜牧场和家禽场，因粪便较多，可采用工厂化的无害化处理。主要是先把粪便进行统一集中堆腐发酵，然后进行脱水，使粪便水分含量至20%～30%。然后把脱过水的粪便输送到一个专门蒸气消毒房内，蒸气消毒房的温度不能太高，一般为70～80℃，太高易使养分分解损失。肥料在消毒房内不断运转，经20～30分钟消毒，杀死全部的虫卵、杂草种子及有害的病菌等，消毒房内装有脱臭塔，臭气通过塔内排出除臭。然后将脱臭和消毒的粪便配上必要的天然矿物，如磷矿粉、白云石、云母粉等进行造粒，再烘干，即成有机茶专用肥料。其工艺流程如下：畜禽舍→粪便堆腐→脱水→消毒→除臭→配方搅拌→造粒→烘干→过筛→包装→入库。

如果是中小型的畜牧场和家禽场，可采用捲切式粪便处理机进行无害处理，成本低，处理方法方便。其设备是由定量输送混合器、加压倦切混炼机、输送带、搅拌机、造粒机等组成一个流水线。

禽畜粪便处理的工艺过程：利用定量输送混合器，把禽畜粪便和添加料，如天然矿物肥料、微量元素等按规定的比例进行混合，通过捲切机加压摩擦，使机内被处理的混合物温度自行升高，可达到70～80℃，使水分蒸发脱水、杀灭虫卵及有害病菌，从而达到无害化处理的目的；为高温发酵创造有利环境，可在短期内生产无害化活性有机肥。

三、茶园肥料施用技术

（一）重施基肥技术

茶树是多年生常绿作物，在其年生长周期中，总是有规律地从土壤中吸收矿质元素，以保持其正常生长发育。在长江中下游广大茶区，从10月份后到第二年的3月份，地上部虽都已停止生长，但根系仍在不断吸收养分，这时所吸收的养分可占全年吸收总量的30%左右，并贮存在根系中。这些贮存养分是春茶萌发和生长的物质基础，所有有机茶园都必须十分重视基肥的施用。尤其对生产名优有机茶的茶园更为重要。绿色和有机茶园在施基肥时必须做到“净、早、深、足、好”五个字。

所谓“净”，就是所有作为有机茶园的基肥必须达到无公害的标准，凡是人、畜、禽类等必须经过堆腐等无害化处理，其卫生标准和重金属含量及农药残留必须达到规定标准。商品有机肥，必须经过检验不含化学合成物质。天然矿质肥料必须持有化验证书确认无害才可施用。

所谓“早”，就是基肥施用时期适当提早。因绿色和有机茶园的基肥主要是有机肥，必须适当早施，使它在土壤中早矿化、早释放，以满足茶树对养分的需要。这样有利于茶树抗寒越冬和春茶新梢的形成和萌发，有利于名优茶产量和质量的提高。长江中下游广大茶区，要力争在10月上旬施完。

所谓“深”，就是施肥深度要适当加深。因为茶树是深根系作物，只有根深才能叶茂，而且茶树根系还有明显的向肥性，施基肥是为了把茶根引向深层和扩大根系活动范围与吸收容量，以提高茶树在逆境条件下的生存能力，确保安全越冬。一般成龄采摘茶园力求做到基肥沟施，深度要超过25厘米。幼龄茶园可根据树龄由浅逐步加深，但最浅也要从15厘米开始。

所谓“好”，是指基肥质量要好。所选用的基肥肥料要既能改良土壤，又能为茶树提供营养物质。基肥中多掺些含氮高的有机肥料，如鱼粉、血粉、蚕蛹、豆饼、菜籽饼等。同时还可先用天然矿质肥料，如磷矿粉、白云石粉、云母粉等等，与有机肥掺和一起经过堆沤后作基肥用，可提高基肥中的磷、钾、镁等含量。此外，所谓

"好"，当然也指施肥技术质量要好，施肥时要土肥相融，及时覆土，防止伤根和漏风等。

（二）早施催芽肥技术

茶树对养分的吸收既具有连续性，又具有阶段性。春茶品质好，产量比例高，也是茶树吸肥最集中的高峰时期。春茶早发、多发的物质基础虽是基肥，但是要想春茶快长、多产，必须及早追肥予以补充。当前由于春茶市场看好，要求早发、早采、早上市。此外，大部分有机茶都大力推广早芽品种茶树，在生产实践中更要求早施春肥才能起到"催芽"的作用。

作催芽肥用的肥料，只能施速效性的有机肥，如经过充分腐熟的有效性较高的堆沤肥，无害化处理过的人、畜、家禽肥或沼气池中的废液等，也可用专门生产的生物有机肥。施肥深度可较基肥浅，一般10～15厘米为宜。

（三）夏秋茶追肥技术

对于采春茶后还采夏、秋茶的茶园，为了满足夏秋茶生长对养分的需求，采完春茶后应进行夏、秋茶的追肥，尤其是对于那些春茶结束后进行各种形式修剪的有机茶园，修剪后要立即追肥。夏肥一般在5月下旬施用，秋肥要避开"伏旱"施用，肥料种类应与春茶催肥一样，必须施有机速效肥，如沤肥的肥水及沼气液，或者经过充分熟化的有机肥等。

（四）巧施根外肥技术

在绿色和有机茶生产的栽培管理过程中，施肥受到多种因素的限制，容易造成茶树营养不良和某些缺素症。一旦发现茶树处于营养不良或出现某些营养缺素症时，必须采用根外肥进行补救。在采用根外肥时，必须注意以下几点：

第一，在正常生长条件下只能选用全有机或全天然的叶面肥。

第二，只有在出现"隐饿型"缺素症或出现缺素症表征的条件下，才可有目的地选用限制施用的化学型微量元素肥料，如硫酸镁、硫酸锌、钼酸铵、硼砂等等。其浓度限于0.01%以下，最后一次喷施时间必须在采茶前10天。

第三，施用时间晴天在下午15点后，阴天不限，喷施后两天内下雨，必须重新喷施。在喷施时要将叶子正反面都喷湿喷匀，因叶子背面吸收根外肥的强度比叶子正面强，所以要特别注意喷洒在叶子背面才有效果。

除了施肥之外，为了增加土壤有机质，提高土壤肥力，还要充分发挥茶树自身物质循环的优势，大力推广修剪枝叶回归茶园的措施，可直接深翻入土作肥料，也可作茶园土壤覆盖物铺于土壤表面。

第四章 绿色有机茶园病虫害防治技术

茶树是一种多年生常绿作物，一经种植可连续生产几十年甚至几百年。在现有的栽培管理条件下，一般茶园均能形成树冠茂密郁闭、小气候比较稳定的特殊生态环境条件。茶园生态系统中的茶树、病虫种群和天敌种群，它们彼此间通过食料（营养）的关系，相互依存和制约，使得各种种群间在数量上趋于相对稳定。但茶园作为一种生产单元，不可避免地会受到茶叶采摘、茶园管理等外来因素的干扰，往往使相对平衡的种群关系受到一定程度的破坏，从而使茶园在一定程度上受到某些优势种群害虫的危害。绿色有机食品茶园的病虫控制原理就是在了解茶园这种特殊生态环境的基础上,基于常规农业存在的弊端，尤其是使用农药的种种害处，本着尊重自然的原则，从茶园生态系的整体出发，充分发挥以茶树为主体的、茶园环境为基础的自然生态调控作用,以农业措施、物理措施为主，保持茶园生态系统内的生态平衡和生物种群的多样性，通过生态系统的调节减轻病虫害的危害。

第一节　病虫害预测预报

一、病虫害预测预报目的

根据植物病虫害流行规律，分析、推测未来一段时间内病虫的分布扩散和为害趋势，称为预测，由权威机构发布预测结果，称为预报，通称预测预报，简称测报。农作物病虫害测报是指导病虫害防治的重要措施，是科学防控与安全用药的前提和基础。如果测报准确，一方面可显著提高防治效果，节约生产成本；另一方面可降低农药的使用量，减少农药污染。因此，测报工作是植保工作的基础，是实现“预防为主、综合防治”植保方针的前提，是“绿色植保、公共植保”的重要组成部分，对提高茶产业的社会、经济和生态效益具有积极意义。

我国茶树病虫害预测预报研究工作起步较晚，但发展较快。由于农药、天敌、气象、地理位置及各种生态因子的影响，在不同茶区、海拔、时期，主要害虫的种类也有差异及演替，随时搞清虫情，有助于做好防治工作。从20世纪70年代末开始，全国各茶叶研究单位先后对20多种茶树病虫的测报做了研究；国家茶叶产业技术体系启动后，茶树病虫害测报工作更是得到了蓬勃发展。

二、病虫害预测预报方法

（一）病虫害监测的抽样方法

茶园中某种病、虫的数量总和称为总体，单个病、虫称为个体，按照一定的方法从总体中抽出部分个体称之为样本。在对某块茶园的病、虫发生程度进行调查时，不可能对园中所有病、虫数量逐一清点，在实际调查中一般采用样本估计总体。

1. 虫害监测的抽样方法

（1）随机抽样。调查数目一般占总体的5%左右，抽样过程中需保证总体内所有抽样单位都有相同被抽中的机会。该方法的优点是操作简便易行，但总体过大时不易实行。

（2）顺序抽样。也称等距抽样，常用类型有大五点式、棋盘式、平行跳跃式、单（双）对角线式及“Z”字形式取样。该方法操作简便，但缺点是不能单独计算抽样误差，与其他抽样方法配合使用可克服该缺点。

（3）分层抽样。当被调查的茶园拥有不同品种、栽培模式、生长势等因素时，需要采用分层抽样方法。

（4）多阶段抽样。又称多级抽样，在不能一次性直接从总体中抽出样本的情况下，可以将抽样过程分成几个阶段，并结合使用上述方法中的两种或数种进行抽样。具体步骤为先按随机法确定样本树丛，再按树冠的朝向顺序取样，然后按随机法抽取样本枝条，最后从样本枝条上选择叶片或枝梢长度作为第四阶段进行病、虫样本计数。该方法较适用于叶蝉、螨类、粉虱等小型害虫的调查。

2. 病害监测的抽样方法

在茶树关键生长期或病害的防治时期，应对茶园病害进行监测。通过了解茶园多年病害发生与为害情况，指导茶园病害的防治工作。茶树种植及茶苗引种过程中常会出现病害的流行，茶园管理者在茶树生长过程中应定期进行调查和监测。对经常发生的病害，应在发病初期和盛发期对主栽品种及易感品种进行1～2次普查，了解茶园的发病情况，对发生趋势进行预判，以决定是否提早采取防治措施。

（二）病虫害调查与监测方法

病虫的调查与监测目的在于能够及时掌握当前病虫发生时间、数量及分布情况。调查和监测方法的选择应根据病虫自身生物学特性及外界环境因素对其的影响而确定。

1. 虫害种群密度调查

虫害种群密度是指单位空间内某虫害种群的个体数量，可分为绝对密度和相对密度。绝对密度指单位面积或空间中同种害虫的总数。由于其在实际测报中不易直接获得，人们常采用一定数量的小样本取样（如每百叶虫口数、每平方米虫口数等），或一定取样工具（如扫网、诱捕器等）的虫数，来推算其数值，该推算值称为相对密度。常用的相对密度调查方法为直接观察法、拍打法、诱捕法、扫网法等。

（1）直接观察法。直接调查茶树单株或一定长度株丛、面积虫口数量、为害状等项目。调查时要注意观察茶树的各个部位，尤其是一些虫害分布的重点部位，如观察茶橙瘿螨卵块时需重点关注茶丛上部嫩叶的背面。单株调查一般适用于群落或复合种群的研究，以及种群空间分布型的调查；一定长度株丛或面积调查在实际应用中常取一定枝条或叶片进行调查观察。

（2）拍打法。指拍打一定长度株丛，并借助接虫工具（如白盆、样布等）收集虫样，然后直接观察或采用吸虫管统计害虫种类及数量的方法。该方法适用于调查具有假死习性的害虫，如鳞翅目幼虫等，而一般能飞善跳的害虫种类不适用该方法。在实际调查中为了保证调查捕获率的准确性，应注意保持一致的接虫工具、拍打次数及拍打力度等。

（3）诱捕法。利用引诱工具或物质对害虫进行诱捕来调查害虫相对密度的方法。引诱工具常用具有特殊波长的灯，由于许多昆虫对光的波长或颜色具有选择性，实际调查中应根据调查对象选择合适的诱捕灯。性信息素为常用的引诱物质，一般可分为雄性激素和雌性激素，在生产中，雌性激素用得较多。在害虫密度较低时采用性信息素诱捕效果较好，但在害虫高密度时诱捕率较低，目前市场上用于茶树鳞翅目害虫（如茶尺蠖、茶毛虫、茶细蛾等）的性诱剂（性信息素）产品较为成熟。

（4）扫网法。指采用扫网捕捉的方式来对害虫相对密度进行调查的方法。该方法具有捕捉效率高、省工省时的特点，适用于形体小、活动性大的昆虫，如盲蝽、叶蝉、蝇类等。常用的扫网方法主要有两种：① 按一定茶行面积逐行扫网，以面积单位计算，具体操作方式为将网口插入叶层中部，网口向前以S形前进扫网，扫到行尾时再180度转向；② 按顺序每隔一段茶行扫网一次，以百网虫数计算。

2. 病害监测方法

（1）菌量调查。广义上的菌量调查包括调查引起茶树病害的真菌菌核、菌丝体、孢子，细菌细胞，线虫卵、幼虫和成虫等。一般初侵染源的数量是造成茶园病害流行的重要影响因素。在适合发病的条件下，致病菌的种群数量可在较短时间内呈指数式增长。因此，定时定点的菌量调查非常有必要，且为提高监测的精确度，应适当增加调查次数及缩短调查间隔期。

① 植物检疫。从国外或外地引种时，必须对引进的种子或苗木进行植物检疫，不符合要求的严禁引进。

② 土壤中菌量的调查。土壤是病害侵染的主要来源地，是病原物越冬、越夏的主要场所，目前对其含菌量的调查方法主要有诱集法和淘洗过筛法。诱集法是指在田间等距离放置一定数量的诱虫器，对线虫进行引诱；淘洗过筛法是指将一定量的土壤按一定固液比加入水，充分搅动后静置，取上悬液过筛，然后将筛中残留物于营养液中放置一定时间，最后灭菌、固定、计数的方法，适用于调查土壤中真菌菌核、胞囊线虫、根结线虫等的数量。

③ 介体昆虫数量的调查。一些病害常依靠昆虫介体在田间传播，其中蚜虫和粉虱是最重要的介体昆虫。在生产上常采用黑光灯、黄板及带性诱剂的诱虫笼或诱虫器调

查蚜虫和粉虱等介体昆虫的数量，并以此来预测未来某些病害发生的可能性和程度。

④ 病斑产孢量的测定。为了解病原物的发育进度，常用套管法进行病斑产孢量的测定。具体方法为先将产孢叶片插入开口朝上的大试管或两端开口的J形管中，调查前将叶片上的孢子抖落在管中，用少量0.3%吐温水冲洗，离心后，用血球计数器检查孢子数量。

（2）病害监测与调查。在病害监测的调查中，病情常用病害率（普遍率）、严重度和病情指数来表示。

病害率（I）是指将观测的植物样本分为病、健两类，计算发病的植株样本数（植株、叶片等）占调查总样本数的百分比，其代表植物群体中病害发生的普遍程度，调查的对象一般为植株、茎、叶等，而对应病害率的名词为病株率、病枝率、病叶率等。

（三）病虫害测报方法

1. 病虫预测的期限

按照预测时间的长短，病虫预测可分为长期预测、中期预测和短期预测。

（1）长期预测。根据害虫的前一世代来预测后一世代的发生发展趋势，离防治适期1个月以上的预测，一般属于年度或季节性预测。通常是在头一年末或当年年初，根据历年病虫害情况积累的资料，参照与当年病虫害发生有关的各项因素，如品种、环境条件、病虫存在数量等，来估计病虫发生的可能性及严重程度，为制定年度防治计划提供参考。长期预测由于时间长、地区广，操作比较复杂，预测人员须对病虫的发生规律有较深刻了解，同时拥有多年参考资料和丰富测报经验。

（2）中期预测。一般指离防治适期11～30天的预测。根据害虫前一世代的发生期，结合气象预报、栽培条件、品种特性等综合分析，预测后一虫态的发生时间、发生数量、危害程度和扩散动向等。对于重要病虫在全面发生期时，都应进行中期预测。

（3）短期预测。一般指离防治适期10天内的预报。根据害虫的前一虫态预测后一虫态所发生时间、数量及危害情况等，可准确掌握近期内病虫发生的动态，对于化学防治非常重要。

2. 虫害测报方法

（1）虫害发生时期的预测。在害虫发生时期预测中，常将害虫的某一虫态或虫龄的发生时期按其种群数量在时间上分布进度，分为始见期、始盛期、盛发期、盛末期和终见期。虫害发生时期不固定，即使是同种虫同一地区也常随每年气候条件的不同而有所不同。所以在对虫害进行预测时，掌握其始盛期（16～20%）、盛发期（45～50%）和盛末期（80～84%），可抓住有利防治时机，对指导防治具有重要意义。在茶叶生产中，常用的发生时期预测方法有以下几种：

① 发育进度法，又叫历期推算法。根据当地的气象，再加上一定虫态的历期（各虫态在一定温度条件下，完成其发育所需天数）等，推算以后虫期的发生期。该方法适用于预测茶园中鳞翅目、半翅目的蚧类及粉虱等害虫下一代幼虫的防治适期。对于鳞翅目害虫，其卵孵化盛期加上一龄和二龄历期即为防治适期；而蚧类及粉虱的防治适期即为卵孵化盛期。例如，假设2014年南昌茶尺蠖成虫羽化盛末期为5月1日，则按此法可做如下预测：

第1代幼虫防治适期=5月1日（蛹羽化盛末期）+2 天（成虫产卵前期）+13.5 天（第1代卵期）+4.8 天（第1代第1龄幼虫期）=5月1日+20.3 天=5月21日。

为保证预测值的准确性，需根据茶园类型选择正确的抽样技术，且每次获得的样本量需至少20头以上。害虫发育历期资料一般可通过以下三种途径获得：查阅文献；人工饲养害虫，并通过观察记录其生长发育过程，总结害虫发育历期资料；通过多年田间调查积累害虫发育历期数据。

② 有效积温法。每种生物都有其发育的下限温度，只有当环境温度高于该温度时它才能正常发育。对昆虫生长发育起有效作用的温度是发育起点温度，称作有效温度，而有效温度的积累值称为有效积温。该方法主要用来预测害虫某一虫态的发生时期或害虫发生的世代数，以及控制害虫的发育进度，一般害虫的发育速度与温度呈正比，而发育时间则与温度呈反比。

③ 物候预测法。物候是指自然界各种生物出现季节的规律性，如燕子飞来、柳絮飞扬等，这些现象反映了大自然气候已达到一定节令的温湿度条件。由于害虫的发生也受到自然界气候的影响，因此它们的某一发育阶段也只有在一定节令时才会出现。物候预测法是指根据长期的实践观察，找出与害虫某一世代虫期发生相关的其他生物表现形式，即可将某些相关物候现象作为害虫发生期预测的标志。例如春天车前草花开时节也是茶尺蠖第1代幼虫初发期。

④ 期距预测法。根据地方积累多年的害虫发生规律资料，可总结出当地发生的各种主要害虫的任何两种之间的时间间隔，即期距。期距预测法受地域限制性强，此外气候、作物生长反常年份、品种及耕作制度改变、农药使用等因素都会影响预测结果，因此在生产应用中，应注意研究引起偏差的原因并辅以其他中、短期预测法进行矫正。

⑤ 分龄分级推算法。根据各虫态的发育和内外部形态（如卵、虫体及蛹的形态及颜色等）或解剖特征的关系细分等级进行预测。具体选择在某一害虫发生阶段，定期定点调查其发生数量，将逐期统计的百分比按顺序排列，即可获得该害虫的发育进度变化，发生始盛期、盛发期、盛末期和各期距，结合当时气温下各虫期的历期，便可推算之后某一虫期的发生时期。

（2）虫害发生量的预测。预测害虫在当地某一阶段可能发生数量的多少，联系其危害性的大小，确定防治的必要性，以及防治规模和力量的部署。预测时还要参考气候、栽培品种（抗虫品种种植比例）、天敌等因素综合分析，注意数量变化的动态，及时采取措施，做到适时防治。

3. 病害测报方法

寄主植物、病原物和环境条件是构成植物病害并影响其发生发展的基本因素，菌量、气象条件、栽培条件和寄主植物的生育状况等成为病害流行预测的重要依据。茶树病害常用的测报方法主要有以下几种：

（1）根据菌量预测。单循环病害的侵染概率较为稳定，受环境条件影响较小，主要根据越冬菌量预测发病数量；多循环病害有时也可以利用菌量作为预测因子。对一些在种子（苗木或其他繁殖材料）、土壤和病株残体上越冬的病害，如茶云纹叶枯病、茶炭疽病、茶饼病、茶白星病等，可以调查种子、土壤或病残体的病菌数量，用以预测次年田间发病率。对一些病原孢子由气流传播、发病季节性较强、又容易流行成灾的菌物病害，如茶白星病和茶圆赤星病等，可进行田间孢子捕捉，目前市场上已有旋转式、风向式、定时式等孢子捕捉器可供选用。

（2）根据气象条件预测。气传病害和多循环病害的流行受气象条件影响很大，在寄主植物与病原菌条件具备时，适宜的气象条件往往是病害流行的主导因子。有些单循环病害的流行程度也取决于初侵染期间的气象条件，也可以利用气象条件预测。例如，茶轮斑病作为一种高温高湿型病害，病原菌在温度28℃左右生长最为适宜，高湿度条件有利于孢子的形成和传播，故高温高湿的夏、秋季应注意该病的防治。

（3）根据菌量和气象条件预测。许多病害的流行程度主要根据越冬菌量和气象条件（主要是发病期的降水情况）来预测。多峰型病害将前期发病数量作为菌量来预测后期的流行程度。通过田间普查或定点调查，在掌握发病始期及数量的基础上，结合气象（主要是降雨）预报，预测病害当年的流行程度。

（4）根据菌量、气象条件和茶树生长势预测。有些茶树病害，如茶轮斑病等，除菌量、气象条件外，栽培条件或寄主生长期状况对流行的影响也很大，在预测中必须加以考虑。

（5）根据介体昆虫的数量和带菌率预测。对于以昆虫介体传播的病害（如茶煤病），介体昆虫的数量和带毒率等也是重要的预测依据。

第二节　茶园主要害虫种类及绿色防治技术

全世界茶树害虫有1000余种，其中中国有400～500种。按危害方式可分为四类，即食叶性害虫、吸汁性害虫、钻蛀性害虫、地下害虫。茶树害虫不仅危害茶树的芽叶，还可危害茶树的枝干、根和花，但就发生程度和危害程度，江西茶园主要的害虫有尺蠖类、茶毛虫类、刺蛾类、蓑蛾类、蓟马类、叶蝉类、螨类、粉虱类、象甲类。绿色和有机茶园不允许使用化学药剂，要求以绿色防治方式控制茶园病虫危害。绿色防治是以减少化学农药使用量为目标，并通过采取合理的农艺措施、生态调控、生物防治、理化诱控、科学用药等环境友好型措施来控制有害生物的有效行为。

一、茶尺蠖

茶尺蠖又称拱背虫、量尺虫、造桥虫等，是茶树食叶类主要害虫之一。主要分布于浙江、江苏、安徽、江西、湖南、湖北、福建等省，除为害茶树外，还能为害大豆、豇豆、芝麻、菊花等植物。

（一）形态特征

成虫：属中型蛾子，体长9～12毫米，翅展20～30毫米，雄蛾较小。触角丝状，灰褐色。有灰翅型和黑翅型两类。黑翅型体翅黑色，翅面线纹不明显。灰翅型全体灰白色，翅面疏披茶褐色或黑褐色鳞片，前翅具黑褐色鳞片组成的内横线、外横线、亚外缘线、外缘线各一条，外缘具黑色小点7个，后翅有2条横纹，外缘生有5个黑点。足灰白色，杂有黑色鳞片，中足胫节末端、后足中央及末端各生距一对。体形大小及体色随季节不同而异，秋季一般体形大且体色较深，翅面波纹明显。（彩图4–1：茶尺蠖成虫）

幼虫：4～5龄，末龄幼虫体长26～30毫米，体圆筒形，头部褐色。初孵幼虫黑色，体长1.5毫米，胸、腹部各节均具白纵线及环列白色小点；1龄幼虫后期体褐色，白点白线逐渐消失；2龄幼虫体长4～6毫米，体黑褐色，白点白线消失，腹部第一节背面具2个不明显的黑点，第二节背面生2个较明显的深褐色斑纹；3龄幼虫茶褐色，体长7～12毫米，腹部第一节背面的黑点明显，第二节背面有一黑纹呈“八”字形，第八节背面亦有不明显的倒“八”字形黑纹；4～5龄幼虫呈灰褐色至深褐色，体长12～30毫米，自腹部第五节起背面出现黑色斑纹及双重菱形纹。

蛹：长椭圆形，长10～14毫米，雄蛹较小。赭褐色，头部色较暗。触角与翅芽达腹部第四节，第五腹节前缘两侧各具眼状斑一个，尾刺圆锥形，雄蛹尾刺末端具一分叉的短刺。

卵：椭圆形，长约0.8毫米，宽约0.5毫米。初产时鲜绿色，后变灰褐色，孵化前为黑色。常数十粒至百余粒成堆，上覆白色絮状物。

（二）为害特点

幼虫取食叶片为害，成弧形缺刻。1龄幼虫仅咬食芽叶上表皮和嫩叶叶肉，叶面形成褐色点状凹斑；2龄则从嫩叶边缘向里咬食形成缺刻（或花边叶）；3龄后食量大增，往往连叶脉、叶柄一并食尽， 发生严重时，将茶树新梢吃成光秃，仅留秃枝，致树势衰弱，易受冻害。严重时常将整片茶园啃食一光，致使茶丛变为光杆，状如火烧，不仅严重影响当季茶叶产量，而且两三年内很难恢复，对茶叶生产的威胁很大。（彩图4–2：茶尺蠖为害状）

（三）发生趋势预测

影响茶尺蠖种群消长的重要因子是气候环境。高山茶园一般发生不多，而山坞、四周环山的地区和避风向阳、阳光充分的茶园常受害较重。茶树长势好，留叶多，较郁闭的茶园往往发生较多。避风向阳、地势平坦、温度较高、土壤湿润的茶园，第1代发生较早。如冬季气温特低，越冬蛹死亡增加，能够减少来年的发生基数。4月以后，凡阴雨连绵，或多露多雾、温度高，有利于成虫羽化和卵的孵化，虫口会逐代迅速上升。

影响茶尺蠖在一年中消长的另一主导因子是天敌。目前已发现的茶尺蠖天敌有寄生蜂、蜘蛛、鸟类、寄蝇、步行虫、蚂蚁、线虫、病毒、真菌等。寄生蜂有茶尺蠖绒茧蜂、单白棉绒茧蜂和尺蠖悬姬蜂，这三种蜂占寄生天敌总数的99.6%。绒茧蜂对茶尺蠖自然控制作用大，基本上致死幼虫于3龄；捕食茶尺蠖的主要天敌为蜘蛛和鸟类，以捕食茶尺蠖1～2龄幼虫为主； 病原体天敌主要有茶尺蠖核型多角体病毒，其致病力因茶尺蠖幼虫龄及环境温度等的不同而变化，温度30℃或更高时，致病力明显下降。

（四）绿色防治技术

1.深耕灭蛹

秋冬季结合茶园管理，深耕施基肥进行灭蛹，清除树冠下表土中的蛹。在茶树根茎四周培土10厘米左右，并加以镇压，可防止越冬蛹羽化的成虫出土，减少虫源。

2.灯光诱杀

利用成虫趋光性，用频振式杀虫灯在发蛾期诱杀成虫,以减少下一代幼虫发生量。

3.人工捕杀

利用幼虫受惊后吐丝下垂习性人工捕杀。

4.生物防治

对1、2、5、6代茶尺蠖，提倡施用茶尺蠖核型多角体病毒进行生物防治；也可放鸡啄虫，以满足鸡的食物需求，驱除幼虫；保护天敌，尽量减少用药次数，保护天然的寄生性和捕食性天敌。

5.药剂防治

在以上防治措施无法控制茶尺蠖危害时，为减轻危害，可使用药剂进行防治。有机和绿色食品茶园在幼虫三龄前用2.5%鱼藤酮300～500倍液、0.36%苦参碱1000～1500倍液、苏云金杆菌（Bt）制剂300～500倍液进行防治。在早上4～9时或傍晚15～20时进行喷施效果较好。

二、茶毛虫

茶毛虫又称茶毒蛾、毒毛虫、痒辣子、摆头虫，是中国茶区的一种重要害虫。主要分布于浙江、安徽、江苏、江西、湖南、四川、陕西、福建、广东、广西、云南、台湾等省（自治区）。除为害茶树外，还可为害油茶、山茶、柑橘、梨、油桐等植物。

（一）形态特征

成虫：体长约6～13毫米，翅展约20～35毫米。雌蛾稍大，体翅黄褐色，前翅中间有2条淡黄色横纹，翅尖淡黄色区内有2个黑点，后翅散生茶褐色鳞片。雄蛾稍小，黄褐到深茶褐色，前缘、翅尖和臀角黄褐色，腹末无毛丛。雌蛾体末端有黄色毛丛。卵成椭圆形块状，上覆黄色茸毛。

幼虫：成熟幼虫体长约20毫米，黄褐色。胸部三节稍小。各体节有8个黄色（前期）或黑色毛瘤，上生黄褐色毒毛。全体还密生长短不齐的黄色毒毛。（彩图4-3：茶毛虫幼虫）

蛹：圆锥形，浅咖啡色疏披茶褐色毛，长8～12毫米，末端有1束长钩状尾刺。蛹茧薄、丝质，长椭圆形，黄棕色。

（二）为害特点

幼虫群集为害，1、2龄幼虫常百余头群集在茶树中下部叶背，取食下表皮及叶肉，被害叶呈现半透明网膜斑；3龄幼虫常从叶缘开始取食，造成缺刻；4龄幼虫进入暴食期，可将茶丛叶片食尽，仅留主脉及叶柄，严重影响茶叶品质及产量。此外，幼虫、成虫体上均具毒毛、鳞片，触及人体皮肤后红肿痛痒，影响正常的采茶及田间管理工作。

（三）发生趋势预测

茶毛虫年发生代数因各地气候条件不同差异较大，在江西年一般发生3代。幼虫发生为害期分别在4月上旬至5月下旬、6月下旬至7月下旬、8月下旬至10月上旬，一般以春、秋两季发生重。幼虫老熟后在茶丛根际落叶土表下结茧化蛹。雌蛾产卵于老叶背面。幼虫6～7龄，具群集性，3龄前群集性强，常数十头至数百头聚集在叶背取食下表皮和叶肉，3龄后开始分群迁散为害，幼虫老熟后爬至茶丛根际枯枝落叶下或浅土中结茧化蛹。成虫有趋光性。

茶毛虫一年中的消长，在不同地区，甚至同一地区的不同时期，差异较大，常表现出间歇性大发生或局部成灾。影响种群发生的主导因子有气候条件和天敌数量。

春天气温回升早且快，越冬卵孵化亦早。年发生世代数随年平均气温升高而增多。高温干旱，田间湿度低，则蛹羽化率低，成虫产卵量少，种群数量下降。

茶毛虫天敌数量十分丰富，对种群数量有良好的控制作用。在卵期有寄生蜂，如黑卵蜂、赤眼蜂等；幼虫期有茶毛虫绒茧蜂、毒蛾瘦姬蜂、日本黄茧蜂和核型多角体病毒等；幼虫至蛹跨期寄生的有寄蝇。此外，还有瓢虫、步甲、蜘蛛等捕食性天敌。

（四）绿色防治技术

1.人工捕抓

每年11月至翌年4月，摘除越冬卵块，并保护寄生峰；捕杀幼虫。

2.中耕灭蛹

结合中耕培土适时灭蛹。

3.诱杀成虫

灯诱或使用性诱剂诱杀。

4.生物防治

在幼虫1～2龄期喷茶毛虫核型多角体病毒液或苏云金杆菌，在阴天或雨后喷雾效果佳。

三、茶刺蛾

茶刺蛾是茶树刺蛾类的一种重要害虫，俗称“火辣子”、“痒辣子”、“洋辣子”、“杨辣子”、“毛辣子”，少数种类无刺。我国主要产茶区均有分布，在浙江、湖南、江西等省一年发生3代，在广西发生4代。茶刺蛾以幼虫取食成叶为害茶树，影响茶树的生长和茶叶产量。

（一）形态特征

成虫：体长12～16毫米，翅展24～30毫米。体和前翅浅灰红褐色，翅面具雾状黑点，有3条暗褐色斜线；后翅灰褐色，近三角形，缘毛较长。前翅从前缘至后缘有3条不明显的暗褐色波状斜纹。

卵：椭圆形，扁平，淡黄白色，单产，半透明。

幼虫：幼虫共6龄，体长25～35毫米，长椭圆形，前端略大，背面稍隆起，黄绿至灰绿色。体前端背中有一个紫红色向前斜伸的角状突起，体背中部和后部还各有一个紫红色斑纹。体侧沿气门线有一列红点。低龄幼虫无角状突起和红斑，体背前部3对刺、中部1对刺、后部2对刺较长。（彩图4–4：刺蛾）

蛹:椭圆形，淡黄色，翅芽伸达第四腹节，腹部气门棕褐色。

茧:卵圆形，暗褐色，结茧在土下。（彩图4–5：茶刺蛾各形态特征图）

（二）为害特点

茶刺蛾以老熟幼虫在茶树根际落叶和表土中结茧越冬。翌年茶芽萌动后化蛹，蛹大多在白天上午羽化。成虫羽化当天晚间即能交配、产卵，产卵期2~3天，主要栖息在茶丛下部叶片背面，有较强的趋光性。卵散产于茶树叶片反面叶缘处，以茶丛中、下部叶片上的卵量居多。初孵幼虫活动性弱，一般停留在卵壳附近取食。1、2龄幼虫取食茶树叶片下表皮及叶肉，残留上表皮，被害叶呈现嫩黄色，渐转枯焦状的半透明斑块。3龄后取食叶片成缺口，并逐渐向茶丛中、上部转移，夜间及清晨爬至叶面活动。4龄起可食尽全叶，一般食去叶片的三分之二后，即转另叶取食。幼虫喜食成、老叶，当成、老叶被食尽后，则爬至蓬面取食嫩叶；当一丛茶树被蚕食尽后，逐渐向四周茶丛扩散。幼虫老熟时移到茶丛枯枝落叶或浅土间结茧化蛹。茶刺蛾为害轻重主要取决于上一代的蛾量，一般以第二、三代为害较重。气候条件及天敌因子对茶刺蛾种群的消长亦有较大的影响。在天敌因子中，茶刺蛾核型多角体病毒的制约作用最为明显。

茶刺蛾幼虫体上有毒刺，人体皮肤触及后易引起红肿、疼痛，妨碍正常的采茶及田间管理工作。人畜被其蜇伤后刺痒难忍，抓挠后变为刺痛，如反复搔抓可使毒毛深入皮内。处理患处时可用医用橡皮膏或经过消毒的针先将毒刺拔出，再用肥皂水或碱液清洁伤口，最后涂上风油精。由于其刺有毒，所以患处如有红肿发炎应立即去医院就诊。

（三）发生趋势预测

茶刺蛾在浙江、湖南、江西等省一年发生3代，以老熟幼虫在茶树根及落叶和表土中结茧越冬。越冬幼虫在浙江、湖南、江西于4月化蛹，5月羽化。蛹大多白天上午羽化。成虫白天栖息于茶丛下部叶片背面，夜晚十分活跃，有较强的趋光性，卵散产于茶树叶片反面叶缘处，卵在茶园中的分布与茶树长势有关，幼龄茶园、改造复壮茶园及长势旺盛的茶园中的卵量往往大于茶树长势不良、树势衰弱的茶园。在同一块茶园中，靠近园道茶树上的卵量比远离园道茶树上的卵量大。在同一丛茶树上，以茶丛中、下部叶片上的卵量居多。成虫羽化当天晚间即能交配、产卵，产卵期2～3天。卵孵化后，初孵幼虫活性弱，一般停留在卵壳附近取食。

该虫在一般年份发生较轻,但在特定的环境条件下会暴发成灾,给茶叶生产造成很大的危害，其危害程度与幼虫的取食量和生长发育密切相关。

（四）绿色防治技术

1.农业防治

在茶树越冬期，将茶树根际的枯枝落叶清至行间，深埋入土，使其中的茧不能羽化，减轻次年害虫的发生量。科学肥水管理，铲除茶园杂草，增强树势；茶树在冬季培土时梳出茶丛下6.5厘米表土层，翻入施肥沟底，对消灭茶刺蛾、扁刺蛾、茶蚕等的越冬蛹有效。此外，用新土把茶丛培高10厘米压紧，可阻碍越冬蛹羽化出土。

2.灯光诱杀

利用茶刺蛾成虫的趋光性，安装杀虫灯诱杀成虫。

3.利用天敌

平时应注意合理使用农药，保护天敌。收集由病毒引起的虫尸，研碎后加水喷洒，可收到良好的防治效果。

4.药剂防治

防治适期应掌握在2、3龄幼虫发生期，采用低容量侧位喷雾方法，将药液喷在茶树中下部叶背。可选用8000国际单位苏云金杆菌800～1000倍液，0.6%苦参碱水剂

（70～100毫升/亩）等。

四、叶蝉类

危害茶树的叶蝉有假眼小绿叶蝉、小绿叶蝉、烟翅小绿叶蝉、箭纹小绿叶蝉、棉叶蝉、颜点斑叶蝉、黑尾叶蝉和绿脉二室叶蝉8种，江西茶区主要是假眼小绿叶蝉。假眼小绿叶蝉别名假眼小绿浮尘子、小绿叶蝉，俗名叶跳虫等，是中国茶区分布最广、危害最重的一种茶树害虫，全年以夏、秋茶受害最重。除为害茶树外，还可为害豆类、蔬菜等植物。

（一）形态特征

成虫：淡绿至黄绿色，从头顶至翅端长3.1～3.8毫米。头冠前缘有1对绿色圈（假单眼），中域大多有2个浅绿色小斑，复眼呈现灰褐色，中胸小盾片中央及端部生浅白色小斑纹。前翅淡黄绿色，前缘基部绿色，端部略具烟褐色，足和体同色，但各足胫节端部及跗节绿色。（彩图4–6：假眼小绿叶蝉成虫）

卵:长0.8毫米，新月形，初乳白色后渐变浅绿色，孵化时前端可透见1对红色眼点。

若虫:共5龄。初孵若虫体长0.95毫米，乳白色，体表有细毛；2龄体长1.30毫米，浅黄色，体节明显；3龄长1.64毫米，浅绿色，始露翅芽；4龄2.08毫米，翅芽明显；5龄2.24毫米，浅绿色，翅芽伸达腹部第5节，体形与成虫近似。（彩图4–7：假眼小绿叶蝉若虫）

（二）为害特点

成、若虫刺吸茶树芽叶、嫩梢皮层汁液；雌成虫把卵产在嫩梢里，妨碍物质运送，致茶树芽叶叶缘黄化，叶尖卷曲，叶脉呈暗红色，严重时叶尖、叶缘呈红褐色焦枯状，芽梢生长缓慢甚至停滞，影响茶叶的质量。一般受害茶园，夏秋茶减产10%以上，重则损失30%～50%，甚至无收。此外，受假眼小绿叶蝉为害后的芽叶，在加工过程中易碎，末茶增加，易产生烟焦味，成品率降低，对茶叶品质有严重影响。

（三）发生趋势预测

假眼小绿叶蝉年发生代数因地区而异，在长江流域茶区一年发生9～12代。在长江中下游茶区，一般以成虫在茶树上越冬，江西在冬天常能查到若虫，广东、广西海南则各虫态均可越冬。

假眼小绿叶蝉在一年中的消长，因环境条件、地理条件不同而有差异，基本可分为三种类型，即双峰型、早单峰型和迟单峰型。

双峰型：主要发生在四季分明的平地低丘陵茶区，冬季有明显的低温，夏季（7～8月）有明显高温干旱，7月份平均气温在28～29℃，年降雨量在1000毫米以上，集中在春、秋两季。假眼小绿叶蝉在此类地区一年一般有两个明显高峰期，第一高峰期出现在5月下旬至7月中下旬，以6月份虫量最为集中，主要为害夏茶；第二高峰期出现在8月中下旬至11月上旬，以9～10月间虫量较多，主要为害秋茶。一般第一峰虫量高于第二峰，为害更重，但第二峰持续期比第一峰长。江西的黄土丘陵及平地茶区是这一类型的典型代表，除江西外，还有浙江、江苏、安徽、福建等省的黄土丘陵及平地茶区也属于此类型。

早单峰型：主要指四季气候不明显，冬季温暖，夏季不热的茶区。如四川、云南等省的山区茶园属于这一类型。这种地区全年气温最低为1月份，月平均气温在8℃以上，7月份温度最高，月平均气温在25℃左右，雨量充沛，降雨量在1500毫米以上，此种环境气候条件有利于假眼小绿叶蝉繁殖，其发生只有一个高峰期，但持续时间长，一般至5月份开始虫口逐渐上升，6～10月田间虫量最多，尤其以7月份虫量最高，茶树受害严重，为害整个夏、秋茶。

迟单峰型：主要指江西、江苏、浙江、安徽、福建等省海拔在500米以上的茶区，这类茶区虽然四季明显，但冬季气温低，无霜期较双峰型茶区短，一般春茶采茶晚，5月份才开采，秋茶采茶早，9月底即可结束，是我国茶叶名特优质茶的主要产地之一。假眼小绿叶蝉在此类茶区全年通常只有一个虫口高峰，但峰期持续时间也较长。一般在5月份开始田间集聚虫量，6月中下旬进入高峰期，9月底或10月初即可结束高峰。以7～8月份虫量最大，为害整个秋茶。

影响假眼小绿叶蝉消长的主导因子有气象因子、天敌及采茶措施。

冬季气温的高低，影响假眼小绿叶蝉越冬成虫的存活率和繁殖力。冬季气温升高，越冬成虫存活率上升，成虫的繁殖力则随冬季气温的降低而减弱。夏季气温主要影响峰型，夏季有明显的高温干旱期是造成假眼小绿叶蝉双峰型的主要原因。假眼小绿叶蝉生长繁殖的适宜温度在17～29℃，最适温度在20～26℃。当出现连续平均气温29℃以上时，则田间虫量急剧下降。

降雨强度对假眼小绿叶蝉的消长也有明显影响，大雨或暴雨的情况下，可使其虫口数量急剧下降。雨日数也影响假眼小绿叶蝉的繁殖，一般认为，雨日多，时晴时雨，有利于假眼小绿叶蝉的繁殖。但在双峰型地区，3～4月份雨日多却不利于第一峰虫量的集聚，第二峰的虫量则随7～9月份雨日的增多而递增。

（四）绿色防治技术

1.农艺措施防治

及时分批勤采，可随芽叶带走大量的虫卵和低龄若虫；发现嫩梢上卵粒随时去除，有明显的抑制作用；茶园内不间种豆类作物，发现杂草及时铲除。

2.保护天敌

假眼小绿叶蝉的天敌主要有蜘蛛、瓢虫等，天敌对其种群数量有一定控制作用。应尽量减少施药次数，降低农药用量，充分发挥天敌对其种群的控制作用。

3.物理诱杀

黏虫板是近年茶园应用较多的一种物理防治设施。叶蝉类对黄色敏感，具有强烈的趋黄性，利用数字标准化黄板对叶蝉有较好的诱杀作用。如在色板上增加性信息素，可提高诱杀效果。

4.药剂防治

在湿度高的地区或季节，提倡喷洒每毫升含800万孢子的白僵菌。但白僵菌是活体菌，喷洒后温度不能太高，否则菌会失去活性，最好是施药后连续3天阴雨天气。

五、茶丽纹象甲

又称茶叶象甲、黑绿象甲、小绿象鼻虫、长角青象虫、花鸡娘。中国的南方茶区均有分布，主要为害夏茶，是茶重要的芽叶害虫。除为害茶树外，还为害油茶、山茶、柑橘、苹果、梨、桃等植物。

（一）形态特征

成虫：体长6～7毫米，灰黑色，体背具有由黄绿色闪金光的鳞片集成的斑点和条纹，腹面散生黄绿或绿色鳞毛。触角膝状，柄节较直而细长，端部3节膨大。复眼近于头的背面，略突出。前胸背板宽大于长，两侧略圆。鞘翅上也具黄绿色纵带，近中央处有较宽的黑色横纹。（彩图4-8：茶丽纹象甲成虫）

卵：椭圆形，初为黄白色，后渐变为暗灰色。

幼虫：长5.0～6.2毫米，头圆，淡黄。体乳白至黄白色，体多横皱，无足。

蛹：裸蛹，长椭圆形，长5.0～6.0毫米，黄白色，羽化前灰褐色。头顶及各体节背面有刺突6～8枚，胸部的较显著。土茧椭圆，长6～7毫米。

（二）为害特点

成虫嚼食新梢叶片，自叶缘咬食，呈许多不规则缺刻，甚至仅留主脉，大发生时茶园残叶秃脉，严重影响茶叶的产量和品质，损伤树势。幼虫则栖息土中咬食茶须根和有机质。

成虫喜在白天活动，午后黄昏尤为活跃，飞翔力不强，善爬，受惊即假死落地，夜间至清晨在隐蔽处潜伏，很少活动。成虫有两个取食为害高峰，即产卵前期和产卵高峰期。晴天白天很少取食，晚上8时后取食最盛，阴天则全天均取食。（彩图4–9：茶丽纹象甲为害状）

（三）发生趋势预测

一年发生1代，以老熟幼虫在茶丛树冠下土中越冬。翌年天气转暖时陆续化蛹，成虫喜于上午羽化，先于土中潜伏2～3天，体色由乳白转为黄绿色后爬至茶丛上取食。再经大约10天左右开始交配，次日雌成虫入土，4～7天后将卵分批散产在茶树根际附近的表土层中或落叶下，也有聚集在一起的。成虫产卵盛期在6月下旬至7月上旬，平均每只雌虫可产卵200多粒。初孵幼虫在浅土中活动取食，入土深度随虫龄增大幼虫而加深，直至化蛹前再逐渐向上转移。各虫态历期：卵期7～15天；幼虫期270～300天；蛹期9～14天；成虫期50～70天。

茶丽纹象甲年度间的消长比较平稳，没有突发现象；其种群数量主要取决于虫口基数，茶园耕作、气候条件及天敌种群对茶丽纹象甲的发生也有一定的影响。

一般树冠高大，生长良好的茶园，虫口往往较多。茶园疏松、干燥的土壤也易发生。幼龄茶园或留养茶枝叶幼嫩，发生较严重。采摘、田间管理等工作可帮助其传播。7～8月间，茶园耕锄、浅翻及秋末施肥深翻，对初孵幼虫入土及入土后的幼虫存活率影响明显。

冬季低温成虫出土较迟，夏季高温对成虫寿命及产卵量有明显的影响。

天敌对控制茶丽纹象甲种群数量十分明显，由于茶丽纹象甲卵大多产于茶树落叶及表土上，大量的卵常被蜘蛛等捕食性天敌所捕食，从而有效地控制了种群数量的增长。

（四）绿色防治技术

1.中耕灭蛹

根据茶丽纹象甲的生活习性，在7～8月或秋末进行茶园耕锄、浅翻及秋末施基肥、深翻，可明显影响初孵幼虫的入土及此后幼虫的存活，防治效果可达50%左右；对虫量在防治指标上下的茶园，通过这一措施，次年可免于施药防治。

2.人工捕杀

利用成虫假死性，在成虫发生高峰期用振落法捕杀成虫，以减少发生量和减轻为害程度。

3.养鸡治虫

在有条件的茶园，结合养鸡治虫。当成虫盛发期，放鸡于茶园，同时拍击茶树蓬面，使成虫假死落地，利于鸡的捕食。

4.药剂防治

每年春季（3月下旬至4月）可选用白僵菌871菌株粉剂1.5千克/顷毒土施菌；成虫出土高峰前喷施1.2%苦参素500倍液，或与白僵菌871菌粉0.5～1.0千克/亩混用。喷1次药后，隔10～15天进行第二次喷药，才能起到较好的防治效果。

六、黑刺粉虱

又名橘刺粉虱、刺粉虱、黑蛹有刺粉虱，是我国茶区发生范围较广的一种茶树主要害虫。除为害茶树外，还是柑橘的主要害虫，并能为害油茶、枇杷、苹果、梨、柿、葡萄等多种植物。

（一）形态特征

成虫：雄成虫平均体长1.0毫米，翅展2.2毫米，雌成虫平均体长1.1毫米，翅展3.1毫米。体橙黄至橙红色，体背有黑斑；前翅紫褐色，上有7个不规则白斑；后翅小，淡紫褐色，无斑纹。静止时呈屋脊状。

卵：长椭圆形，略弯曲，似香蕉状，有一短柄，初产时乳白后变橙黄色至棕黄色，孵化前紫褐色。

幼虫：共3龄，扁平，椭圆形。初孵幼虫体长约0.3毫米，呈淡黄色，渐变为灰至黑色，体背生6根浅色刺毛，背部有2条弯曲的白纵线。2龄幼虫体呈黑色，背渐隆起，体背具刺状物9对，体附1龄幼虫蜕皮壳，平均体长约0.5毫米。3龄幼虫体呈黑色，四周敷白色粉状蜡，背隆起，有刺状物29（雄）～30（雌）个，刺状物披针状，不竖立，体背附1、2龄幼虫蜕皮壳，平均体长约0.7毫米。

蛹：椭圆形，初乳黄渐变黑色，长0.7～1.1毫米，漆黑有光泽，壳边锯齿状，周缘有较宽的白蜡边，背面显著隆起，背部刺状物数量同3龄幼虫，但刺状物竖立。

（二）为害特点

若虫寄生在茶树叶背吸食叶组织中的汁液，被害处呈失绿黄白斑点，随着为害加剧，斑点扩展成片，引起叶片因营养不良而发黄、提早脱落；其排泄物有糖分，能诱发烟煤病，使枝、叶受到污染。发生严重时，茶丛一片乌黑，病虫交加，养分丧失，光合作用受阻，树势衰弱，芽叶稀瘦，甚至新梢不能萌发，引起枯枝死树，对产量和品质影响极大。黑刺粉虱残留在叶背的蛹壳可以成为一些害虫的越冬场所。

（三）发生趋势预测

一年发生4代。以幼虫在茶树中、下部叶背越冬。发生不整齐，田间各种虫态并存。成虫多在早晨露水未干时羽化，初羽化时喜欢荫蔽的环境，日间常在树冠内嫩芽叶或嫩叶背上活动，有趋光性，可借风力传播到远方。羽化后2～3天，便可交尾产卵，卵散生或密集成圆弧形，常数粒至十余粒成簇产于叶背凹陷处，产卵部位以茶树中、下部成、老叶叶背居多，少量在茶树上部（蓬面）叶背。幼虫孵化后作短距离爬行吸食，老熟后即在原处化蛹。各虫态历期：卵期13～16天（第1代22天左右，2～4代10～15天），幼虫期20～30天，第1~3代蛹期11～15天，成虫期2～6天。幼虫分龄历期（第1~3代），1龄7～9天，2龄5～6天，3龄6天左右。

黑刺粉虱在一年内没有突发成灾的现象，主要随着虫口的逐渐积累而为害加重，或随着虫口数量的逐渐减少而为害减轻。

影响黑刺粉虱种群消长的关键因子是环境条件和天敌因子。环境因子中影响最大的是人为因素和茶园环境，而人为因素主要是不合理地使用化学农药，尤其是茶园频繁施药，大量杀伤了黑刺粉虱的天敌，导致该虫暴发成灾。黑刺粉虱偏嗜低洼、荫湿郁闭的小生境，以致阴坡茶园的虫口密度显著大于阳坡茶园、壮龄茶园虫口密度显著大于幼龄茶园，但过度的高湿、多雨的环境条件反而促使虫生真菌在寄主昆虫种群中大流行，寄生蜂的大量寄生和真菌病的大规模流行是促使该害虫种群消减的重要因素。越冬期间（10～12月）至早春的天气温暖干燥有利于越冬若虫的存活及其化蛹、羽化和第1代卵的孵化，因而利于该虫大发生。

（四）绿色防治技术

1.加强茶园管理

剪除密集的虫害枝，使果园通风透光，及时中耕、施肥、增强树势，提高植株抗虫能力。

2.保护天敌

黑刺粉虱的天敌资源丰富，包括寄生蜂、捕食性瓢虫、寄生性真菌，尽量减少茶园施药次数和农药用量，以保护和促进天敌的繁殖，充分发挥天敌的控制作用。

3.物理防治

使用色板和信息素诱剂诱杀。

4.生物防治

韦伯虫座孢菌对黑刺粉虱幼虫有较强的致病性，使用浓度以每毫升含孢子量2亿至3亿个为宜，防治时期掌握在1、2龄幼虫期。

5.药剂防治

防治时期掌握在卵孵化盛末期，若虫口密度过大，也可考虑把成虫盛期作为辅助施药时期。防治成虫以低容量篷面扫喷为宜，幼虫期提倡侧位喷药，药液重点喷至茶树中、下部叶背。药剂可选用99%矿物油（150～200毫升/亩）、黑刺粉虱真菌制剂（每毫升含孢子2～3亿）。

七、茶蚜

又称茶二叉蚜、可可蚜、橘二叉蚜，俗称蜜虫、腻虫、油虫。国内分布于江苏、浙江、安徽、江西、福建、台湾、湖北、湖南、广东、海南、广西、四川、贵州、云南、山东等省（自治区），国外分布于印度、日本等国。除为害茶树外，还为害油茶、咖啡、可可、无花果等植物。

（一）形态特征

有翅成蚜：体长约2毫米，黑褐色，有光泽；触角第三节至第五节依次渐短，第三节一般有5～6个感觉圈排成一列，前翅中脉二叉，腹部背侧有4对黑斑，腹管短于触角第四节，而长于尾片，基部有网纹。

有翅若蚜：棕褐色，触角第三节至第五节几乎等长，感觉圈不明显，翅蚜乳白色。

无翅成蚜：近卵圆形，稍肥大，棕褐色，体表多细密淡黄色横列网纹，触角黑色，第三节上无感觉圈，第三节至第五节依次渐短。（彩图4-10：无翅成蚜）

无翅若蚜：呈浅棕色或淡黄色。

卵：长椭圆形，长约0.6毫米，一端稍细，漆黑色而有光泽。（彩图4-11：茶蚜形态图）

（二）为害特点

若虫和成虫群聚于茶梢嫩芽、嫩茎和嫩叶背而刺吸汁液，并向茶树体内分泌唾液，破坏茶树正常的生理代谢，受害芽叶萎缩、生长停滞，甚至枯竭；受害嫩叶叶色褪绿泛黄，失去光泽，进而向下弯曲，生长缓慢。排泄的蜜露落于下层叶面可导致茶煤烟病的发生，阻碍叶面光合作用，危害加重，轻者影响茶叶产量和品质，重者嫩梢

萎缩，以至无茶可采，树势衰退。制成的干茶色暗、茶汤暗而混浊，滋味平淡且带腥味。（彩图4-12：茶蚜为害状）

（三）发生趋势预测

一年发生25代左右，世代重叠，以卵在茶树老叶背越冬。长江流域向南逐渐以无翅蚜越冬，甚至没有明显的越冬现象。以卵越冬的地区在翌年2月下旬平均气温持续在4℃以上时，越冬卵开始孵化，3月上中旬可达到孵化高峰，经连续孤雌生殖，繁殖能力强。到4月下旬至5月上中旬出现危害高峰，此后随气温升高而虫口骤落，直至9月下旬至10月中旬，虫口又复回升，出现第二次为害高峰，并随气温降低出现两性蚜，交配产卵越冬。雄蚜可多次交尾，而雌蚜只交尾一次。每雌性蚜产卵4～10粒，产卵高峰一般在11月上中旬。

茶蚜趋嫩性强，以芽下第1、2叶上的虫量最大。早春茶蚜多在茶丛中部和下部嫩叶上，春季向上部芽梢处转移，炎夏锐减，秋季又增多并再次定居在芽梢处为害，当芽梢处虫口密度很大或气候异常时，即产生有翅蚜迁飞到新的芽梢上繁殖为害。

在长江中下游茶区，茶蚜一年有两次为害高峰，即春茶和四茶。春季气候适宜，芽叶生长旺盛持嫩性强，则有利于蚜虫发生；加之此时天敌较少，常易酿成蚜害，因此春茶受害程度往往重于秋茶。影响茶蚜种群消长的因子有气温、茶蚜生育条件和天敌因子。

茶蚜卵对冬季低温的耐寒能力较强，越冬后的孵化率高达95%左右。但早春寒潮可使若蚜大量夭折，死亡率高达45%。

茶蚜喜在日平均气温16～25℃、相对湿度在70%左右的晴暖少雨的条件下繁育。夏季的高温、多暴雨的天气对其十分不利，造成虫口数量急剧下降。在适宜的条件下，5～7天可增长1代，每无翅雌蚜产仔蚜35～45头，每有翅成蚜产仔蚜18～30头。

茶蚜的天敌资源十分丰富，如瓢虫、草蛉、食蚜蝇等捕食性天敌和蚜茧蜂等寄生性天敌。春季随茶蚜虫口增加，天敌数量也随之增加，对茶蚜种群的消长可起到明显的抑制作用。

（四）绿色防治技术

1.采摘灭虫

茶蚜集中分布在1芽2、3叶上，及时分批采摘是有效的防治措施，严重发生茶园可适当重采，特别是秋茶力求采尽，抑制茶蚜继续繁衍和产卵越冬；幼龄茶园结合打顶或定型修剪，压制虫口发生。

2.保护天敌，强化生态控制

保留茶园周边植被，茶园铺草，让天敌安全越冬。幼龄茶园可间作冬季绿肥，招引天敌繁衍，控制春季茶蚜危害。

3.药剂防治

当有蚜梢率达10%，芽下第2叶平均虫口20头，即为茶蚜参考防治指标；结合采摘、天敌等其他情况分析，确定是否要防治。危害较重的茶园应采用农药防治。施药方式以低容量蓬面扫喷为宜。药剂可选用0.6%苦参碱水剂（50～75毫克/亩）、2.5%鱼藤酮500倍液（150 毫升/亩）。非采摘茶园和秋末可用肥皂水或洗衣粉稀释液喷施，堵塞蚜虫气门，窒息致死。

八、茶橙瘿螨

又称茶刺叶瘿螨、茶锈壁虱，是危害茶树的一种主要害螨，国内分布于山东、江苏、安徽、浙江、江西、福建、台湾、湖南、广东、海南、广西壮族自治区等。除为害茶树外，还能为害油茶、檀树、漆树等林木，也能为害春蓼、一年蓬、苦菜、宿星菜、亚竹草等多种杂草。

（一）形态特征

成螨：体长约0.14～0.19毫米，呈黄橙红色，长圆锥形。前体段较宽，后体段较细，似胡萝卜状。足2对，伸向前方，其末端有羽状爪。后体段有细密环纹，背面约30个，末端1对尾毛。

卵：球形，径约0.04毫米，初产时无色透明，呈水球状，近孵化时浑浊。

幼螨：无色至淡黄色，体长约0.08毫米，体形似成螨，但后体环纹不明显。

若螨：淡橘黄色，体长约0.1毫米，但后体环纹仍然不明显。

（二）为害特点

以成螨和幼、若螨刺吸茶树嫩叶或成叶汁液，在螨量少时被害不明显，螨量多时被害叶片失去光泽，叶色呈黄绿色，主脉变红，严重时叶背出现褐色锈斑，芽叶萎缩、干枯，芽梢停止生长；发生严重的茶园呈现一片红铜色，造成大量落叶、树枝干枯，对茶叶产量、品质和树势均有严重影响。制成茶叶产品香低劣质。（彩图4-13：茶橙瘿螨为害状）

（三）发生趋势预测

一年发生25代左右，世代重叠，虫态混杂。各虫态均可越冬，一般以成螨越冬居多，越冬场所大多在成、老叶背面。翌春当均温升至10℃以上，即开始由叶背转向叶面为害；并随着气温的回升，生育速度加快，繁殖量加大，螨口数量逐渐增多。

全年虫口有1～2个明显的发生高峰期，但多数年份只有1个高峰；一年发生1个虫口高峰时，高峰期在8～10月份，以9～10月螨口量最大；若4月中旬以后，少雨多晴，温湿度适宜，第1高峰将提早出现，则出现2个高峰，第1次高峰一般在5月中旬至6月下旬，为害夏茶，第2次在8～10月高温干旱季节，为害秋茶，但发生数量略低于第1次高峰。

各虫态历期分别为卵期2～8天；幼、若螨期2～7天；成螨期4～7天，低温条件下可长达1个月；产卵前期1～2天。

茶橙瘿螨大量的行孤雌生殖，平均每雌虫产卵20粒左右，散产于叶背，尤以侧脉凹陷处居多。茶橙瘿螨趋嫩性强，在茶树上的分布，以茶丛上部为多，其次为中下部；而且以叶片背面居多，在1芽2叶的芽叶上，以芽下第2叶最多，其次是鱼叶，再次是芽下第1叶，以芽上最少。

气候条件、茶树品种、天敌等因子影响茶橙瘿螨种群消长。气候条件对茶橙瘿螨种群消长的影响特别明显；一般平均气温在18～26℃，相对湿度80%以上，时晴时雨天气，有利橙瘿螨生存发展；高温干燥，相对湿度小于70%或雨量大、雨期长均对其生长发育不利。

不同茶树品种，茶橙瘿螨的发生程度略有差异，一般茶树叶片下表皮角质化程度高、气孔密度小、茸毛密度大，以及叶表化合物有较高浓度的咖啡因和氨基酸的茶树品种，螨量相对较少。

茶橙瘿螨的天敌主要有瓢虫、草蛉、捕食螨等捕食性天敌。1头粉蛉若虫在12小时内可将两片（每片有300头以上）密布的茶橙瘿螨取食殆尽；1头瓢虫成虫每小时也能捕食茶橙瘿螨25头以上。这些天敌对茶橙瘿螨均有一定的抑制作用。

（四）绿色防治技术

1.加强茶园管理

冬季清除落叶烧毁，根际培土壅根，铲除茶园杂草，减少虫源；盛发期亦应及时清除落叶。加强肥水管理，防旱抗旱以增强树势。

2.分批采摘

茶橙瘿螨绝大部分分布在1芽2、3叶上，及时分批采摘茶叶可带走大量的成螨、卵、幼螨和若螨。

3.生物防治

保护利用自然天敌。对于只是螨害较重而其他病虫发生较轻的茶园，可释放捕食螨，控制害螨为害。

4.药剂防治

中小叶种茶树平均每叶有茶橙瘿螨17～22头的茶园均应全面喷药防治。施药方式以低容量蓬面扫喷为宜。在茶树生长期，可选用99%矿物油（200～300克/亩）或1%阿维菌素（20毫升/亩）等。

九、蓟马

别名茶叶蓟马、茶黄蓟马。是中国南方茶区的一种重要害虫，主要分布在我国的海南、广东、广西、云南、贵州、江西、浙江、福建、台湾等南方茶区，以及日本、印度、马来西亚、巴基斯坦等国。除为害茶树外，还为害山茶、油茶、花生、草莓、葡萄、苹果、芒果、柑橘、月季等多种植物。

（一）形态特征

成虫：体橙黄色, 体长0.8～0.9毫米，头宽约为长的1倍。触角8节，第一、二节淡黄色，第三至八节淡褐色，第三、四节有U形感觉圈。复眼红褐色，复眼后鬃2根。单眼3个，月晕呈橙红色，单眼间鬃2根，位于三角形连线内。翅2对，透明窄长。腹部第二至七背面有1个囊状暗褐色斑纹。（彩图4–14：茶黄蓟马形态图、彩图4–15：蓟马）

卵：肾形，长约0.2毫米，初期乳白，半透明，后变淡黄色。

若虫：初孵若虫白色透明，体长约0.3毫米，复眼红色，触角粗短，以第3节最大。头、胸约占体长的一半，胸宽于腹部；2龄若虫体长约0.5～0.8毫米，淡黄至深黄色，触角第1节淡黄色，其余各节暗灰色，中、后胸与腹部等宽，头、胸长度略短于腹部长度。

前蛹：即3龄若虫黄色，复眼灰黑色，触角第1、2节大，第3节小，第4～8节渐尖。翅芽白色透明，伸达第3腹节。

蛹：即4龄若虫体呈黄色，复眼前半部红色，后半部黑褐色。触角倒贴于头及前胸背面。翅芽伸达第4腹节（前期）至第8腹节（后期）。

（二）为害特点

以成虫、若虫锉吸茶树嫩叶或嫩梢汁液，受害叶在叶背主脉两侧呈现2条或多条纵向内凹的红褐色条痕，严重时叶背呈一片褐纹，条纹相应的叶正面失去光泽，略凸起，后期芽梢逐渐萎缩，叶片反卷或向内纵卷，叶质僵硬变脆，甚至整叶变褐、枯焦、脱落；也可为害叶柄、嫩茎和老叶，严重影响茶树生长和茶叶品质。（彩图4–16：蓟马为害状）

（三）发生趋势预测

一年发生多代。以成虫在茶花中越冬，但无明显越冬现象，稍暖继续为害。生长季节一般10～15天左右即可完成一代。一般年份，1～4月为低峰期，5月起虫口数量开始上升，7～8月遇高温稍有下降以致波动较大，9月份起迅速上升，10月份达全年最高峰，一直可以持续到11月、12月虫口下降。

茶黄蓟马以两性繁殖为主，但也营孤雌生殖。成虫产卵于芽或嫩叶叶背表皮下，每雌平均产卵35～62粒。若虫孵化后亦栖于叶背锉吸芽叶汁液，以2龄时取食最多。若虫共4龄。初孵若虫从叶肉内爬出，在原处活动，活跃程度随取食及日龄的增加而增加。1～2龄若虫多栖息在嫩梢或嫩叶背取食。3龄若虫（预蛹）一般停止取食并沿着茶树枝干下爬至茶篷下层的树干裂缝或者土表的枯叶内化蛹，蛹在茶丛下部或近土面枯叶下，待成虫羽化后再飞回嫩梢上取食产卵。各虫态历期分别为：卵5～8天，若虫4～5天，蛹3～5天，成虫产卵前期4天。

茶黄蓟马趋嫩性强，多在芽及芽下1～3叶吸食。其成虫活泼，善于爬行和近距离飞行，平时多在叶背活动；且成虫无趋光性，但对绿色、黄色的色板趋性强。

不同茶树品种，其感虫性有较大差异，在广州一般大叶的品种密度较大，中小叶种相对虫口密度较低。留养不采茶及幼龄茶园的受害程度远较投产茶园大，及时分批采摘对其种群数量有明显的抑制作用。

茶黄蓟马的天敌已发现有草间小黑蛛、捕食螨、大赤螨和瓢虫等捕食性天敌。

（四）绿色防治技术

1.采摘灭虫

该虫的卵大部分产于茶树嫩梢上，且孵化后的若虫大多栖息在嫩叶背面，分批及时采摘可随芽叶采下大量的虫卵和若虫，从而降低虫口密度。同时减少新叶存留时间，以恶化其营养条件，减少其发生。一般可结合防治小绿叶蝉进行。

2.清园

秋茶采摘结束后，把茶园间的枯枝、落叶和杂草集中堆沤或烧毁。

3.保护天敌

应尽量减少施药次数，降低农药用量，避免茶黄蓟马天敌的杀伤，充分发挥天敌对其种群的控制作用。

4.药剂防治

采摘茶园百梢有虫100头以上，或有虫梢率在40%以上的茶园均应全面喷药防治。施药方式以低容量蓬面扫喷为宜。农药可选用0.6%苦参碱水剂（50～75毫克

/亩）、2.5%鱼藤酮（150～200毫升/亩），0.3%印楝素乳油500倍液以上药剂任选一种交替轮换使用，应避免长期使用单一农药，产生抗药性。

第三节　茶园主要病害种类及绿色防治技术

世界上已记载的茶树病害有140余种，中国有近100种，其中包括10种非侵染性病害。茶树病原物包括真菌、细菌和类细菌、病毒和类菌原体、藻类、地衣苔藓、寄生性显花植物、线虫等。各茶区发生的病害种类和程度与种植茶树的历史、气候条件有关。茶树各器官均会发生病害，主要有叶部病害、茎部病害和根部病害。其中尤以叶部病害最重。栽培技术改革，改变了茶园生态条件，病害种类和数量发生变化，并出现新的种类。管理粗放，树势衰退，促使地衣苔藓病和煤病的发生，大量施用氮肥，叶片组织柔软，促使叶病的发展；种植方式由丛栽向条栽发展，改变了茶园微气候条件，助长了病害的传播蔓延，种类和数量均明显增加。因此，防治茶园病害应以加强茶园管理，定向改变环境条件，破坏病害生存条件等绿色防治措施为主，药剂防治为辅。

一、茶炭疽病

在我国各地茶产区均有发生，以西南茶区发生较重。一般多发生在成叶上，老叶和嫩叶偶有发病，除茶树外，还为害油茶、山茶和茶梅等近缘植物。

（一）症状

炭疽病主要危害叶片，病斑多从叶缘或叶尖发生。发病初期病斑呈暗绿色水渍状、沿叶脉扩展为半透明褐色或红褐色不规则形，后期病斑呈灰白色，大小不一，一般在叶片近叶柄部形成连片红褐色枯斑。病斑与健康部位界限明显，病斑正面散生许多黑色突出小粒点，病斑上无轮纹。发病重的茶园，可引起大量落叶。（彩图4–17：茶炭疽病症状）

（二）发病条件

炭疽病是由一种真菌侵染引起，以菌丝体和分生孢子盘在病叶组织中越冬，主要通过雨水飞溅传播。气温在20～30℃，湿度在80%～90%时，有利于炭疽病发生。

茶炭疽病菌为黑盘孢科盘长孢属真菌。病部小黑点为病菌的分生孢子盘。分生孢子盘圆形，直径70～150微米，黑褐色，盘上无刚毛。分生孢子梗丛生在分孢盘上，短杆状，单胞，无色，顶生分生孢子。分生孢子纺锤形，两端尖锐，单胞，无色，内含数个油球，大小为3～6微米×2～2.5微米。

（三）发生趋势预测

梅雨期和盛夏过后雨量较多的炎热潮湿天气，病菌形成大量分生孢子，并借雨水传播，从嫩叶背面茸毛处侵入叶片，8～14 天后形成小的病斑，15～30 天可发展成大型病斑（此时嫩叶已充分展开，变为成叶）。由于炭疽病潜育期长，病菌在嫩叶期侵入，成叶期才出现病斑，因此，在嫩叶期就应注意防治。在高温和雨水条件下，可不断形成孢子，发生重复侵染。全年以5～6月梅雨期和8～10月秋雨期发生最重。另外，晨露重的茶园，或阴雨连绵的季节，叶面水膜保持时间更长，芽叶持嫩性强，也有利于炭疽病的发生和流行。对上年秋季发病重的年份，翌年可作出预报，据调查，一般秋季茶园病叶率在50%以上，经冬季落叶，越冬后仍有20%以上的病叶残留在树上，病菌在病叶上形成子实体，成为初侵染源，为害茶树，应及时采取预防措施和防治方法。

（四）绿色防治技术

1.选用抗病品种

不同茶树品种对炭疽病的抗性存在显著差异，一般大叶种表现抗病性强，在新种植的茶园宜选用抗病性强的品种，如迎霜、黔湄419、白毫早、福鼎大毫茶等。龙井43#为炭疽病的易感品种，在炭疽病高发的地区应避免引种。

2.加强茶园清园消毒

及时摘除园内病枝叶、枯枝叶，将土表病叶埋入土中，减少翌年侵染源。

3.做好肥水管理

施用完全腐熟的有机肥或茶复混肥，采用配方施肥技术，适当增施磷、钾肥，可提高茶树抗病能力。

4.药剂防治

在危害严重时，需采取药剂防治措施。防治时期为春茶结束后至夏茶萌芽期（5月下旬至6月上旬），夏季干旱结束后至秋茶雨季开始前（8月下旬至9月上旬），可喷施微生物源或植物源杀菌剂进行病害防治，如喷施10%多抗霉素可湿性粉剂600～1000倍液等。幼龄茶园或非采摘期用0.6%～0.7%石灰半量式波尔多液防治，可有效抑制病害侵染和蔓延。

二、茶煤病

俗称乌油，在全国各茶产区均有发生，主要为害叶片，在病枝叶上覆盖一层黑霉，影响茶树光合作用。发生严重时，茶园呈现一片污黑，芽叶生长受阻，导致茶叶产量和品质下降。除茶树外，也可为害柑橘、荔枝等植物。

（一）症状

茶煤病在全发病初期在叶片正面产生黑色圆形或不规则形的斑点；后期病斑逐渐扩大，严重时病斑覆盖整个叶面。叶背面和枝梢上亦可产生症状。随发病程度加重，黑色煤污症状由中下部逐渐向树冠蔓延。茶煤病菌种类多，引起霉层的颜色深浅、厚度及紧密度不同。病害的发生常与黑刺粉虱、蚧虫或蚜虫等虫害的发生紧密相关。（彩图4–18：茶煤病症状）

（二）发病条件

茶煤病菌以菌丝体和分生孢子器或子囊壳在发病叶片或枝梢上越冬，可随风雨、粉虱、蚧壳虫或蚜虫传播。生产管理粗放的茶园或荫蔽潮湿及害虫严重的茶园易发病。翌春，在霉层上生出的孢子，借风雨传播落在粉虱、蚧壳虫或蚜虫分泌物上后，吸取营养进行繁殖，并通过这些害虫的活动传播病害。

茶煤病的病原有多种，菌丝体浅褐色，从菌丝的隔膜处缢断后产生星状的分生孢子。分生孢子四分杈，无色至褐色，每个分杈上具多个分隔。分生孢子器圆筒形至不规则形，生在单一或分枝的长柄上，褐色，顶部膨大，具孔口，器孢子单胞无色，椭圆形至卵圆形。有性态子囊壳圆柱状，顶端膨大，暗褐色，内生多个子囊。子囊卵圆形，基部有小柄，内生子囊孢子8个排成2列。子囊孢子椭圆形，初无色，后呈暗褐色，具隔膜1～3个。

（三）发生趋势预测

已知的茶煤病菌约有10种，均属真菌，病菌以菌丝体或子实体在病枝叶中越冬。第二年早春，在适宜的条件下形成孢子，借风雨或昆虫传播。特别是荫蔽、潮湿，雨后湿气滞留的茶园或粉虱、蚧壳虫或蚜虫等害虫较多的茶园可能发病严重。

（四）绿色防治技术

1.防治茶园害虫

控制粉虱、蚧类和蚜虫是预防茶煤病的根本措施。因此，新建茶园要注意对茶苗木的检验检疫，同时加强防治粉虱、蚧类和蚜虫。

2.加强茶园管理

及时适度修剪，创造良好的通风透气透光条件，雨后及时排水，防止湿气滞留，增强树势，以预防病害发生。

3.药剂防治

可在早春、晚秋非采摘期喷施0.5波美石硫合剂、45%石硫合剂结晶150～300倍液、0.7%石灰半量式波尔多液，预防病害发生和防止病害扩展，还可兼治蚧、螨。

三、茶芽枯病

我国茶区茶树芽叶的重要病害，主要在浙江、江苏、安徽、广东、湖南等省发生，为害茶树嫩芽叶和嫩梢。发病严重时，嫩梢发病率高达60%以上，对茶叶产量和品质影响较大。

（一）症状

茶芽枯病主要危害春芽细嫩芽叶，尤以1芽1叶至第3叶发生为多。成叶、老叶和枝条不发病。从春茶萌芽起，幼芽、鳞片、鱼叶均可产生褐色病斑，发病初期在叶尖或叶缘产生褐色或黄褐色病斑，以后逐渐扩大成不规则形，边缘有一深褐色隆起，有时病斑边缘不明显。病斑萎缩不能伸展，后期病斑呈现黑褐色枯焦，其上散生细小黑褐色粒点，病叶易破裂并扭曲。（彩图4-19：茶芽枯病症状）

（二）发病条件

茶芽枯病属低温高湿型病害。当平均气温在15～20℃，最高气温20～25℃时雨水多时发病最盛。但在高温季节，即使雨水多，湿度大，病害也不会发展。

茶芽枯病菌为半知菌亚门叶点属真菌。病部小黑点为病菌的分生孢子器，球形至扁球形，褐色。分生孢子生于其内，椭圆形或卵圆形，无色，单胞，大小为1.6～4微米×2.3～6.5微米。

（三）发生趋势预测

茶芽枯病由真菌侵染引起，以菌丝体和分生孢子器在老病叶和越冬芽中越冬。翌年春季气温上升至8℃以上时分生孢子器开始在水滴中释放孢子，并随雨水飞溅传播，侵染幼嫩芽叶，2～3 天后出现新病斑，并扩展蔓延。春茶萌芽期3月底至4月初开始发病，春茶盛采期（4月中旬至5月上旬）平均气温在15～20℃时发病最盛。6月中旬以后，由于较高的温度抑制病菌的生长发育，病情逐渐减轻。降雨频率和强度对病害影响也较大，一般持续的小雨有利于病害的发生发展。同时，若病芽叶留在树上，菌丝体继续正常生长发育，形成分生孢子器并释放分生孢子，再次侵染健康芽叶，形成多次侵染，直至流行。

（四）绿色防治技术

1.选择抗病品种

茶芽枯病的发生在品种间有很大差异。在发病初期，一般萌芽早的品种发病率达30%以上，如黄叶早、清明早、大叶长、迎霜、福鼎大白茶、龙井43等；而萌芽迟的品种发病轻，如福建水仙、鸠坑、大毫茶、祁山槠叶、乐清青茶、鸿坑等品种，可以达到避病的效果。

2.农业防治

在春茶期实行早采、勤采，可减少芽枯病菌侵染的机会，减轻发病。加强茶园管理，及时摘除病芽，减少侵染源；增施有机肥，提高茶树抗病性。

3.药剂防治

喷药时期是防治芽枯病成败的关键。一般可在春茶萌芽期和发病初期各喷一次苦楝素等植物源农药或喷施10%多抗霉素可湿性粉剂600～1000倍液。在病害发生严重的茶园，可在秋茶结束后再喷药一次；非采茶期可采用0.6%～0.7%石灰半量式波尔多液进行防治。

四、茶白星病

主要分布在安徽、浙江、福建、江西、湖南、四川、贵州、云南等省的高山茶园，平地茶园发生较少，是一种重要的芽叶病害。主要为害嫩叶和幼茎，病梢上叶片小，节间短，百芽重降低，导致茶叶产量下降。病叶制成干茶后，味苦涩，汤色浑暗，对茶叶品质和风味影响极大。除茶树外，还为害油茶、山茶等植物。

（一）症状

发病初期在嫩叶和幼茎上产生针头状褐色小点，逐渐扩大成圆形病斑，灰白色，中央凹陷，边缘有暗褐色或紫褐色隆起线。后期病斑扩大后融合成不规则形大斑。叶脉发病可使叶片扭曲畸形，嫩茎上病斑暗褐色，后变灰白色，病斑上散生黑色小粒点，严重时可至全梢，导致枝梢枯死。

（二）发病条件

茶白星病主要靠风和雨水传播，温度在16～24℃、湿度在80%以上时易发病。叶面游离水的存在是实现侵染的必要条件，研究表明，叶面必须有5个小时以上的湿润，白星病菌分生孢子才能萌发侵入。

茶白星病菌，为半知菌亚门叶点属真菌，分生孢子器球形至扁球形，大小32～80微米×32～80微米，暗褐色，顶端具乳头状孔口，初埋生，后突破表皮外露。分生孢子椭圆形至卵形，单胞无色，大小3～5微米×2～3微米。病菌在P天A培养基上培养48小时后，长出白色菌丝，后变为黑色，上生许多小黑点，即病菌子实体。菌丝生长适宜温度18～25℃，高于28℃则停止生长。

（三）发生趋势预测

茶白星病属低温高湿性病害，以春季多雨季节发生最盛，夏秋高温干旱发病轻。病菌以菌丝体和分生孢子器在病叶组织中越冬，次年春季，在气温上升到10℃以上时，病菌开始生长发育，产生分生孢子，经风雨传播；在相对湿度90%以上时孢子萌发，通过幼嫩组织的气孔或叶背茸毛基部细胞侵入，2～5 天即可出现病斑。随后，在适宜的气候条件下，病菌产生新的分生孢子，借风和雨水传播，进行多次再侵染，以致病害蔓延流行。且整株茶树下部叶较上部叶病害发生多。同时多雾的高山地区，以及荫蔽低洼的茶园，由于日照短、气温低、湿度高，病害易发生，应注意预防。

（四）绿色防治技术

1.选用抗病品种

福鼎大白茶等品种较抗白星病（发病率0.8%），清明早和藤等品种较感病（发病率大于10%）。

2.农业防治

加强茶园管理，注意施肥，适当增施磷钾肥，合理科学采摘，增强树势，提高抗病能力。冬季清除茶园内病叶，减少侵染源可减轻次年病害发生。

3.药剂防治

可喷施10%多抗霉素可湿性粉剂600～1000倍液。在春茶萌芽，鱼叶展开期进行第一次喷药，必要时7～10 天后可追喷一次。

五、茶网饼病

在我国各茶区的局部茶园有发生，主要发生在充分开展的成叶上，嫩叶和老叶也可发病。病叶常枯萎脱落，嫩茎枯死，发生严重时，对春茶产量有明显影响。除茶树外，还为害山茶和油茶。

（一）症状

发病初期先在叶上产生针头状大小的淡绿色斑点，边缘不明显，以后逐渐扩大，有时扩展到整个叶片，病叶变厚、变暗褐色。同时，叶背面沿叶脉出现网状突起，故名网饼病。病叶上生有白色粉状物，即网饼病菌的孢子，病斑后期呈紫褐色至紫黑色，常枯萎脱落。亦可通过叶柄延伸侵染到嫩茎，引起枯枝。

（二）发病条件

网饼病菌孢子随风力传播到茶树叶片上，15～25℃，高湿条件有利于病害发生。

网饼病菌属担子菌亚门真菌。叶背病斑上网状物为菌丝，白粉状物是子实层。担子长棍棒状至圆筒形，大小63～135微米×3～4微米。顶端着生小梗4个，每个小梗上着生担孢子1个。担孢子单胞无色，倒卵形或椭圆形，大小8～12微米×3～4微米，发芽时生出1个隔膜，成为双细胞，从两端或一端长出芽管。

（三）发生趋势预测

茶网饼病由真菌侵染引起，以菌丝体在病叶的活组织中越冬和越夏。翌年春季或秋季平均气温在15～20℃，相对湿度80%以上时，形成新病斑，在潮湿条件下病斑上产生白色粉末（即病菌的子实体），担孢子随风传播，侵染芽下第1至第3片嫩叶，约30 天后出现新病斑，60～70 天后扩大为网状大型病斑，此时嫩叶已充分展开为成叶。一般在低温高湿的条件下发病。夏季炎热干旱时停止发病，而春秋季在高山多雾，通风不良、湿气滞留的茶园病害易发生。

（四）绿色防治技术

1.农业防治

加强茶园管理，增施磷肥、钾肥或有机肥，使植株生长健壮，加强杂草管理，去除遮阴树，促进茶园通风透光；发病严重的茶园，要注意冬季清园和修剪，摘除病叶烧毁，减少翌年侵染源数量。及时采摘嫩叶、嫩芽，防止病菌侵染嫩芽嫩梢。

2.选用抗病品种

叶片厚、茶多酚含量高的品种表现抗病，而叶片薄、茶多酚含量低的品种易感病。

3.药物防治

非采摘期茶园喷0.6%～0.7%的石灰半量式波尔多液。采摘期可采用放线酮4×10～5稀释液或多抗霉素1×10～4稀释液喷施，连续2～3次，每7 天左右喷1次。

六、茶轮斑病

茶树常见病害之一，在全国各产茶区均有发生。主要为害成叶和老叶，也可发生在嫩叶和新梢上。发生严重时，可引起大量落叶，导致茶叶减产。扦插苗发病后常呈现枯梢现象，造成成片死亡。

（一）症状

发病初期病斑很小，边缘褐色，以后病斑逐渐扩大至直径1 厘米左右或更大的圆形或椭圆形。病斑边缘浅褐色至褐色，中央灰色，大型。后期病斑下面可见明显的同心轮纹，在气候潮湿的条件下可形成浓黑色墨汁状的小黑点（即分生孢子盘），且小黑点沿病斑同心轮纹排列。病健交界处明显。（彩图4-20：茶轮斑病症状）

（二）发病条件

轮斑病菌以菌丝体或分生孢子盘在病组织中越冬，翌春产生分生孢子，随风雨传播，通过茶树叶片伤口（如采摘、修剪或害虫加害时产生的伤口）侵入，是一种弱寄生菌，常侵害生长衰弱和管理粗放的茶树。适宜发病温度为25～35℃。

多种真菌可引起轮斑病，其中茶拟盘多毛孢为优势种。病斑上的黑色小粒点即病菌分生孢子盘，直径120～180微米，初埋生在表皮下栅栏组织间，后突破表皮外露。分生孢子梗丛生，圆柱形。分生孢子纺锤形，多具4个隔膜，大小20～30微米×6～8微米，孢子顶部细胞具附属丝3根，基部粗，向上渐细，顶端结状膨大。

（三）发生趋势预测

轮斑病是一种高温高湿的病害，一般在夏秋茶季发生较重，在春茶期发生少。特别是排水不良、密植的茶园或扦插苗圃中发病较重，严重程度与气温呈显著正相关。由于轮斑病菌分生孢子主要从伤口侵入，因此机采、修剪、捋采和虫害严重的茶园为害重，菌丝体在叶片细胞间隙蔓延，经1～2周后产生新的病斑，条件适宜时产生新的侵染源，发生再侵染导致病害流行。管理粗放、有机肥不足、土壤板结、排水不良以及树势衰弱的茶园发病也较严重。

（四）绿色防治技术

1.农业防治

轮斑病菌是弱寄生菌，主要从伤口侵入。因此，要减少伤口出现，才能减少病菌侵染的机会。在发病严重的地区，采摘或修剪后要喷药保护。加强茶园管理，防止捋采或强采，减少机械损伤；增施有机肥等基肥，建立良好的排灌系统，雨后及时排水，使茶树生长健壮，增强抗病能力。

2.选种抗病品种

在发病严重的茶园，在进行品种更新时，注意选择抗病品种，如红誉、金谷绿、红光、云枫、唐红等品种，而凤凰水仙、湘波绿、云南大叶种易发病。

3.药物防治

春茶结束（5月中下旬）和修剪后，可喷施微生物源或植物源杀菌剂进行病害防治，如喷施10%多抗霉素可湿性粉剂600～1000倍液等。常年发病的茶园，冬季封园时可用0.6～1%的石灰半量式波尔多液进行防治。

第五章
绿色有机茶叶加工技术

茶树鲜叶原料无法直接饮用，必须通过加工才能成为满足人们需要的茶产品，使原料的使用价值和经济价值得以实现。加工是决定茶叶品质的关键工序，我国产茶历史悠久，茶叶加工技术丰富了茶文化的内涵，创造了丰富多彩的茶叶花色品种，

第一节　茶叶分类

茶原产于中国，中国是最早利用茶的国家，有着悠久的种茶、制茶和饮茶历史。在漫长的历史发展过程中，我国历代茶人，创造开发了各种各样的茶叶产品。再加上茶树品种繁多，制茶工艺不断革新，形成了丰富多彩的茶类。

一、基本茶类

我国已故著名茶学家、原安徽农业大学陈椽教授提出以制茶方法为基础，结合茶叶品质特征及茶多酚氧化程度为依据，将茶叶分为绿茶、白茶、黄茶、青茶、黑茶、

红茶六大基本茶类。茶多酚的氧化程度以绿茶最轻，依次加深，红茶最重。因为茶多酚的氧化聚合物随氧化程度的由浅入深，由黄色向橙色、红色、黑褐色渐变，因此茶叶汤色由黄绿色向绿黄色、黄色、橙黄色、红色、红褐色渐变。茶叶外观色泽也由绿色向黄绿色、黄色、青褐色、黑色渐变。六大茶类各自包含着数种至数百种茶叶，外形、内质都有所差别。

（一）绿茶

绿茶历史悠久。唐·陆羽《茶经·三元造》："晴采之、蒸之、捣之、拍之、焙之、穿之、封之、茶之干矣。"这是关于蒸青团饼茶加工工艺流程的最早记载。说明公元775年前我国就发明了蒸青技术，创造了蒸青绿茶。明代由蒸改炒，杀青技术的创新，是茶叶加工技术的一次大突破。绿茶作为一个古老茶类，一枝独秀近千年。日本、印度尼西亚、越南、印度、斯里兰卡以及西亚、非洲一些国家和地区的绿茶加工技术都是从我国直接或间接传播过去的。

绿茶为不发酵茶，中国绿茶具有产区广、产量高、品质好、销区稳定的特点，为我国六大茶类之首。同时也是我国传统的出口茶类，在世界茶叶市场上具有独特的优势。绿茶初制基本工艺为杀青、揉捻、干燥。其中"杀青"是形成绿茶外形、茶汤、叶底品质特征的关键工序。根据杀青方式和最终干燥方式的不同，分为炒青绿茶、烘青绿茶、晒青绿茶和蒸青绿茶四类，还有炒青和烘青之间的半烘炒绿茶。中国产茶省均产绿茶，产量较多者为浙江、安徽、湖南、江西、湖北和贵州等省。

1.炒青绿茶

用锅炒方式进行杀青和干燥而制成的绿茶。根据外形度的不同，分为长炒青、圆炒青、扁炒青。中国所有产茶省都有生产，品类繁多，眉茶、珠茶、龙井茶等是著名品种。

（1）长炒青

亦称"炒青"。长条形炒青绿茶。一级长炒青条索细紧显锋苗，色泽绿润，香气鲜嫩高爽，滋味鲜醇，汤色清绿明亮。传统长炒青分为六级十二等。主产于浙江、安徽、江西三省。经精制加工后的长炒青产品统称为眉茶。眉茶通常分为特珍、珍眉、凤眉、雨茶、贡熙、秀眉和片茶等花色。

（2）圆炒青

亦称"圆茶"。鲜叶经过杀青、揉捻、锅炒造型干燥后，制成的圆形炒青绿茶。主产浙江和安徽等省。主要品种有"珠茶"、"涌溪火青"。其中珠茶产量最多，"珠茶"亦称"平水珠茶"、"平炒青"。外形浑圆似珍珠的圆炒青。历史上集中在浙江绍兴平水镇加工。主产于浙江省嵊州、新昌、上虞、奉化、东阳、余姚等地，台湾也有少量生产。外形圆紧、色泽绿润、身骨重实。珠茶是中国主要出口绿茶之一。

2.烘青绿茶

亦称“烘青”。指采用烘干机或烘笼干燥的绿茶。根据鲜叶嫩度和制作工艺不同分为普通烘青和细嫩烘青。普通烘青主要用于加工花茶坯，少量以“素烘青”进入市场。细嫩烘青用细嫩芽叶精工制成，如黄山毛峰、太平猴魁等。

3.晒青绿茶

亦称“晒青”。鲜叶经杀青、揉捻后利用日光晒干的绿茶。云南、湖南、湖北、四川、陕西等省均有生产。晒青茶主要用做紧压茶原料，少量精制后作窨花茶坯或进入市场。

4.蒸青绿茶

亦称“蒸青”。经高温蒸汽杀青、揉捻、干燥而制成的绿茶。蒸青绿茶的加工方法是制茶史上最早的茶叶加工方法。日本绿茶加工以蒸汽杀青为主，其产品有碾茶、玉露、煎茶、玉绿茶等。

（二）红茶

红茶亦称“全发酵茶”。是我国传统出口茶类之一，产区广、品种多、质量优，深受国际市场好评。其初制工艺为萎凋、揉捻（或揉切）、发酵、干燥。发酵是形成红茶品质特征“红汤红叶”的关键工序。按加工方法不同分为工夫红茶、小种红茶、红碎茶。

1.工夫红茶

工夫红茶是中国特有的传统出口红茶之一，中国传统的商品茶。江西主要红茶产品有“宁红”、“浮红”、“河红”等。近年国内市场工夫红茶市场逐年扩大。

2.小种红茶

创制于福建崇安的熏烟红茶。产于桐木关者称“桐木关小种”；产于崇安、建阳、光泽等县高地茶园者，统称“正山小种”。工艺特点是须用松烟熏制，从而形成小种红茶的品质特征。正山小种条索肥厚，色泽乌润，茶汤红浓，香高而长，带松烟香，味醇厚具桂圆汤味。主销英、德、荷兰、瑞典等国。

3.红碎茶。

红碎茶又名切细红茶、小颗粒形红茶。鲜叶经萎凋、揉捻后，用机器切碎，再经发酵、烘干而成。经精制加工后，根据茶条形态分类，产生叶茶、碎茶、片茶和末茶四类成品花色。有统一的国际分级规格。

（三）乌龙茶

乌龙茶亦称“青茶”、“半发酵茶”。经半发酵工序形成“绿叶红边”的茶。经晒青、晾青、摇青、炒青、揉捻、烘焙制成。色泽青褐，汤色黄亮，叶色通常为绿叶红镶边，有浓郁的花香。有闽北乌龙茶、闽南乌龙茶、广东乌龙茶和台湾乌龙茶之分。闽南乌龙茶有安溪铁观音等；闽北乌龙有武夷岩茶、大红袍等；广东乌龙茶主要产品有凤凰水仙和梅占等；台湾乌龙茶主要产品有文山包种、冻顶乌龙、台湾高山茶等。

（四）黄茶

制造时由闷黄工序形成黄汤黄叶的茶。生产历史最早可追溯到公元1570年前后，产品有历史上有名的贡茶——蒙顶黄芽（四川）、君山银针（湖南）等，制作工艺与绿茶相似，但在揉捻前或揉捻后，或在初干前或初干后进行闷黄。干燥前闷黄的称为湿坯闷黄，干燥后闷黄的称为干坯闷黄。根据鲜叶嫩度的不同，分为黄芽茶、黄小茶和黄大茶三种。江西省很少生产。

（五）白茶

为轻微发酵茶。是福建省特种茶之一，主产于福鼎的政和、松溪和建阳等地。白茶初制工艺为萎凋、干燥。主要产品有白毫银针、白牡丹、贡眉和寿眉等。

（六）黑茶

黑茶为后发酵茶。生产历史最早可追溯到唐代，是我国边疆各少数民族的生活必需品。尽管产地不同其加工工艺有所区别，但加工过程中形成黑茶品质特征的关键工序“渥堆”是相似的。主要品种有湖南黑茶，云南普洱茶、沱茶，湖北的老青茶、青砖茶，四川黑茶的康砖、金尖、茯砖和方包等，广西的六堡茶。江西省有些茶区生产黑茶原料。

二、再加工茶类

以基本茶类的茶叶为原料经再加工而形成的茶叶产品。根据再加工方法的不同可分为花茶、香料茶、紧压茶、萃取茶、果味茶等。

（一）花茶

花茶又称熏花茶、窨花茶。用茶叶和香花进行拼和窨制，使茶叶吸收花香而制成的具有花香的茶。加工花茶根据使用的鲜花不同分为茉莉花茶、珠兰花茶、白兰花茶、玫瑰花茶、桂花茶、玳玳花茶等。其中最常见的是茉莉花茶。茉莉花茶茶区最广，几乎各产茶省都有生产。

（二）紧压茶

亦称“压制茶”。散茶或半成品茶蒸压成一定形状的团块茶。唐宋时的团茶和饼茶也属紧压茶。现代紧压茶以散茶为原料，蒸热变软后趁热压制而成。根据原料茶类的不同，可分绿茶紧压茶、红茶紧压茶、乌龙茶紧压茶、白茶紧压茶等，紧压茶是重要的边茶茶类。

（三）新型茶

1.萃取茶

以成品或半成品茶为原料制成的再加工茶。用热水或其他溶剂萃取茶叶中的可溶物，滤去茶渣，获得的茶汁经浓缩干燥或不干燥，制备成的固态或液态茶。包括速溶茶、浓缩茶汁和罐装饮料茶。

2.果味茶

在茶叶成品或半成品中加入果汁制成的再加工茶。既有茶味，又有果味。主要品种有荔枝红茶、柠檬红茶、猕猴桃茶、橘汁茶、山楂茶等。

3.超微茶粉

超微茶粉是茶叶为原料，利用现代超微粉碎技术，将茶叶加工成粒度为400目以上的纯天然茶叶超细粉末。超微茶粉的利用方法是一种全新的全价利用方式，与冲泡茶相比，超微茶粉不仅利用茶叶中的茶多酚、氨基酸等可溶性营养成分，而且可以充分利用冲泡茶不能利用的一些非水溶性成分，如非水溶性蛋白、膳食纤维等。超微茶粉除冲泡饮用外，还可广泛添加于各类面制品、冷冻品、糖果巧克力、月饼专用馅料、医药保健品等之中，以强化其营养保健功效。

第二节　名优绿茶加工技术

名优茶是指有一定知名度的优质茶，通常具有独特的外形和优异的色香味品质。其形成往往有一定的历史渊源或一定的人文地理条件，如有风景名胜、优越的自然条件和生态环境等外界因素，江西省名优茶较多，以绿茶为主。名优绿茶按外形可分为条形茶（针形茶）、扁形茶、卷曲形茶、兰花形茶和圆形茶。

一、针形（条形）名优绿茶加工技术

（一）品质特征

条索紧细圆直呈松针状的绿茶。加工工艺注重炒干工艺中的理条整形。针形名优绿茶是江西名优茶的优势茶类。品类繁多，以浮瑶仙芝、前岭银毫为代表。品质特征条索紧直，锋苗挺秀，披盖白毫，色泽翠绿，茶汤碧绿清澈，滋味鲜爽浓醇，香气多呈嫩毫香或清香，叶底嫩绿匀净。

（二）加工技术

针形名优绿茶加工的工艺流程为：鲜叶→摊青→杀青→揉捻→初干→做形干燥→足干（提香）→精选，其间还需要有必要的摊凉过程。

1.鲜叶摊青

（1）鲜叶进厂验收后分别按级别、批次薄摊于干净的篾垫上，摊叶厚度不超过5厘米。摊放场所要求清洁卫生、阴凉通风。

（2）摊放时间一般为4～8小时。按进厂顺序依次加工，当天采摘，当天付制，做到不加工隔夜鲜叶。

（3）摊放程度一般以芽叶失水10～15%为宜，此时青草气基本消失，清香或花果香开始显露。

2.杀青

（1）杀青原则：高温杀青，先高后低；抖闷结合，多抖少闷；老叶嫩杀，嫩叶老杀。

（2）杀青设备与方法

①滚筒连续杀青机杀青：采用6CST—30、40型滚筒杀青机，杀青温度120～140℃（筒内距筒壁5厘米处的空气温度），投叶宜先多后慢慢正常，以免因开始时筒壁温度过高而烫焦芽叶，杀青时间35～55秒，台时产量20～40公斤。

采用6CST—50、60型滚筒杀青机，杀青温度140～160℃，台时产量50型80～100公斤，60型150～180公斤，杀青时间60～90秒。

②汽热杀青机杀青：采用6CZS—150型汽热杀青机杀青，蒸汽杀青时间为35～50秒，温度130～150℃，投叶量90～120公斤/小时；脱水温度160～180℃，时间1.5～2分钟。

③瓶式炒干机杀青：投叶温度220～240℃，投叶量单芽4～5公斤，其他原料5～6

公斤，时间6～7分钟，中途根据情况排湿一到两次。杀青适度后下机摊凉回潮。瓶式炒干机作为杀青机械，是间隔式投料方式，其优点是操作简单方便，非常适合小农户式的半手工单机作业方式。

④微波杀青：可选用6CW-6E型茶叶微波杀青干燥机，微波输出功率为6千瓦（2450赫兹），输送带宽度为42厘米，速度无级变速，杀青时间2分钟左右。微波杀青也可以作为补充杀青方式，在前述杀青完后，进行二次杀青，以防出现杀青不匀不透现象，生产实际表明，用微波进行补杀，有利于绿茶"三绿"品质的形成。

⑤手工锅式杀青：用口径为60厘米的广口铁锅（龙井锅），锅温220～240℃（手背离锅底10厘米有热刺感），杀青叶投叶量为0.4公斤左右，时间5~7分钟。杀青适度后出锅摊凉，簸去片末。

（3）杀青程度

手握叶质柔软，梗折不断，叶子失去光泽，变为暗绿色（蒸汽杀青叶色为青绿色，底面一致），青草气散尽，清香气透出。杀青叶含水量50%～60%。

3.揉捻

（1）手工揉捻

手工揉捻可分为不出锅揉捻和出锅揉捻两种，不出锅揉捻是指揉捻在锅内进行，当杀青锅温度降至100℃左右，使杀青叶在锅壁揉搓，或用双手快速揉捻茶团，不出锅揉捻一般用于高档原料加工，可以提高成茶色泽。出锅揉捻以一锅杀青叶作一次揉捻，在篾簸内进行，揉捻方法可以采用双手把式推揉法，使茶团作半圆形运动，可以采用单手推揉法，双手交替进行，揉捻过程中，解块一到两次，使成条均匀，揉至茶汁溢出，初步成条即可。

（2）机械揉捻

可选用6CR-35型、40型、45型和55型揉捻机，单芽、1芽1叶原料宜选用小型揉捻机揉捻，各型号揉捻机技术参数见表5-1。

表5-1　不同型号揉捻机技术参数

型号	投叶量（公斤）	揉捻时间（分钟）	成条率（%）	加压原则
6CR-35 型	5±1	15～20	≥85	采用冷揉，"轻—重—轻"交替进行，以轻揉为主，单芽、1芽1叶可空压揉捻
6CR-40 型	9±1	20～30		
6CR-45 型	15±2	30～40		
6CR-55 型	30±5	40～50		

4.初烘

（1）使用6CSF-110型八方复干机，温度160～180℃，投叶量2.5～3公斤，时间10～12分钟，茶坯含水量33%～35%，下机摊凉回潮。

（2）使用6CH-3.0型、6.0型烘干机，进风口温度105～120℃，上叶厚度1.5～2厘米，时间10～12分钟，茶坯含水量35%～38%，下机摊凉回潮。

5.做形

（1）手工做形

采用口径为60厘米的广口铁锅（龙井锅），揉捻叶下锅温度为100℃左右，下锅快速翻炒至揉捻叶不粘时，温度降至80～90℃，采用理条、搓条等手法交替进行，理条时关键是要理得直，搓条前要注意抖落周围没有理直的茶条，掌心相对进行搓条，使茶条在掌心转动（如果不转动受到掌心挤压容易扁条），做形后阶段，随着水分的散失，要注意搓条的力度，防止茶条断碎，出锅前，应加火提香，当茶叶含水量下降至8%～10%时出锅摊凉。整形时间20～30分钟。

（2）机械做形

选用6CLZ-60型理条机，火温先高后低，锅温80～90℃（测温点显示温度220℃），每槽投叶量150～200克，时间10～15分钟，至含水量15%下机摊凉。

在做形结束后用分筛割去茶末。

6.足干（提香）

（1）烘干机足干

采用名优茶烘干机烘干，温度60～80℃，时间30～40分钟，叶层厚度2～4厘米，中间人工翻动7～8次，至茶叶含水量5%以下（用手搓较粗条成粉末为宜），下机摊凉。

（2）提香机足干

可用6CTH-6.0型提香机，箱温先高后低，60～80℃，每次投叶量11～12公斤，35～45分钟，至茶叶含水量5%以内时下机摊凉。

（3）烘笼焙干

采用烘笼进行烘干，烘笼的热源有电炉和木炭，利用烘笼烘干应做到勤翻动，同时注意在翻动时，烘笼应离开明火源，以免茶末跌入火源烧焦使茶叶吸入烟味。炭火烘茶时，更应注意应先把炭火烧至无烟时再上笼烘茶。

值得注意的是，针形茶在足干时，应控制投入品的水分含量，如水分含量过高，则做形未定形，容易随着水分的快速散失而出现弯条现象，实验证明，降低足干温度，减慢水分散失速度，可有效控制或减轻弯条现象。

7.精选

（1）采用6CFX-25型名茶风选机进行风选，除去灰、片、末。碎末一般宜控制在3%以内。

（2）风选后，再用人工摘除梗片、非茶杂物及茶类级别不相符的茶叶，使纯度达到95%以上，按级别不同分别包装出售。

二、扁形名优绿茶加工技术

（一）品质特征

扁形名优绿茶品质的基本特征：外形扁平挺直，香高持久，滋味浓爽；以炒为主的加工工艺制作而成。最有代表的茶是西湖龙井茶，素以“色绿、香郁、味醇、形美”四绝而闻名中外。江西代表性的产品有梅岭剑绿、灵岩剑峰等。

（二）加工技术

扁形名优绿茶加工主要有手工炒制和机械炒制两种方式。高档扁形茶一般都采用手工炒制，或手工与机械炒制相结合；中低档扁形茶基本上都是机械炒制。扁形优质绿茶加工工艺流程主要为：鲜叶→摊放→青锅→摊凉回潮→辉锅，其间还需要适当地摊凉回潮。

1. 鲜叶原料要求

高档茶：单芽、1芽1叶初展，或1芽1叶。

中档茶：1芽2叶初展，或1芽2叶。

低档茶：1芽2、3叶，或同等嫩度的对夹叶。

2. 摊放

（1）鲜叶进厂后，按级别薄摊于干净的篾垫上，摊叶厚度2～6厘米。摊青间要求清洁卫生、阴凉通风；摊青间周围不得有异味物质堆放。

（2）晴天，摊放时间一般4～8小时；阴雨天，摊放时间不少于8小时，其间可进行适度的翻拌1～2次，轻轻翻动，以防鲜叶损伤。

（3）摊放程度一般以鲜叶含水率70%左右为宜，此时青草气基本消失，清香开始显露。

3.炒制技术

（1）手工炒制

青锅：通常采用直径60厘米的电炒锅，由两组1.5千瓦电热丝加热，通过两档开关调节温度。青锅锅温先高后低，下锅温度160～165℃，出锅温度97～104℃。锅温达到时，先在锅壁擦拭少量制茶专用油，投叶量200～400克/锅，青锅时间15～16分钟，茶叶含水量控制在30%左右。与针形茶加工不同的是，扁形茶加工中的青锅的目的除了杀青，还是做形的开始，因此青锅的炒制手法分为两个阶段，第一个阶段，除了高温杀青外，还要注意理条和压条，当然，前期水分含量高，以“理”为主，“压扁”为次；后期随着杀青叶水分的下降，应以“压”为主，“理”为辅。在具体操作中，应掌握好几个技术要点：①投叶量要适当，应根据鲜叶的嫩度和个人手的大小而定，一般高档茶每锅投叶量100～200克，中低档茶200～400克。②掌握好锅温的变化，先高后低，并根据鲜叶嫩度而有所差异。③掌握好理与压的关系，理是基础，要做到条索挺直，扁是在直的基础上的扁直，同时应注意加压的程序，做到压力逐渐加重，用力过早，茶汁压出，茶叶发暗发黑，用力过迟，茶身不紧，会使茶末增多。

摊凉：青锅叶起锅后一般需摊凉回潮2～3小时，目的是使茶叶水分重新分布，达到表里一致，梗叶均匀，有利于下道工序加工。

筛分：将摊凉回潮叶通过两个不同筛号的筛，分高、中、低三档，并簸出片末。分别进行辉锅。

辉锅：采用的设备与青锅相同，锅温由低到高，下锅温度60～70℃，出锅温度66～77℃，投叶量270～300克/锅，辉锅时间23～26分钟，茶叶含水量控制在5～6%。辉锅炒制手法也分为两个阶段，前期“理”为主，“压”为次；后期“压”为主，“理”为辅。手工炒制扁形茶，在具体操作上，同样要掌握好以下技术要点：①投叶量。仍应根据茶叶级别和操作者个人情况而定。高档茶150～200克，中低档茶200～300克为宜。②把握好锅温的变化，高档茶下锅温度60℃左右，中低档茶70℃左右，并保持锅温的平稳，起锅前3分钟，要略微提高锅温。③炒制过程中的力度掌握要遵循轻-重-轻的原则。下锅之初，青锅叶经摊凉变硬，这时用力要轻，防止茶叶断碎，当茶叶加热变软后，可逐渐加力，至起锅时，含水量降低，这时要以“理”为主，用力要轻。

（2）机械炒制

青锅: 通常采用长板式名茶炒制机，先将锅温设定在260～280℃，见绿灯灭，红灯亮，即可向锅里均匀涂上少量炒茶油，擦抹锅壁，达到润滑。从左至右，均匀向锅里投鲜叶300克左右；调低温度，设定在160～180℃，不扬叶焖杀2分钟左右；适中下压压板手柄，将叶子扬离锅底抛杀约3分钟；至叶色暗绿，手捏叶质柔软，略有黏性，叶梗弯曲而不断，青气消失，略带茶香，则为杀青适度。

摊凉：青锅叶起锅后一般摊凉回潮1～2小时。

辉锅：采用长板式名茶炒制机，先将锅温设定在160～180℃，将摊凉后的杀青叶均匀投入锅中，适中下压，继续抛杀；然后调低温度，设定在80～120℃，再适中下压压板手柄，炒制约3分钟，至叶色变绿，茎扁、叶挺直，互不黏结；再适中下压压板手柄，炒制约2分钟，至茶叶能散的开，茶条扁平挺直；再升高温度20～30℃，炒至约七成干后起锅。

复火（提香）：采用长板式名茶炒制机复火，温度应控制在80～90℃，时间在10～15分钟。茶叶含水率在5%～6%即达到要求。如采用电炒锅复火，锅温保持在60℃，直至茶叶含水率达5%～6%。

三、卷曲形名优绿茶加工技术

（一）品质特征

外形纤细卷曲显毫的绿茶。卷曲形名优绿茶种类较多，从江西省现有卷曲形名优茶来看，根据卷曲程度的不同又可分为：全卷曲形和弯勾形。前者以修水双井绿为代表，后者以遂川狗牯脑为代表。卷曲形名优茶外形有紧圆带曲，形如凤爪者，有弯曲如眉者，锋苗润秀，银毫披露；内质香气清高持久，滋味鲜爽醇厚，汤色清澈明亮，叶底嫩绿匀净。

（二）加工技术

卷曲形名优绿茶加工的工艺流程为：鲜叶→摊青→杀青→揉捻→初干→做形提毫→足干（提香）→精选，其间还需要有必要的摊凉过程。卷曲形名优绿茶加工过程中鲜叶摊青、杀青、揉捻、初干和精选的加工技术与针形优质绿茶加工技术基本相同，不同的是做形提毫和足干（提香）两道工序。

1. 做形提毫

（1）机械做形提毫：卷曲形名优茶做形可采用 6CSM—50CD7 型双锅曲毫机，一般温度掌握在 60～80℃之间，要求边做形边干燥的同时，注意透气，保持初烘叶良好的色泽。时间一般为 20～30 分钟，炒至茶条卷曲、含水量在 10%～12%时，即可出机摊凉。 提毫时温度掌握在 50～60℃， 使茶叶受热保持柔软状态， 利于提毫，提毫时间一般为 10～15分钟。 具体操作过程中，要注意以下几点：

①投叶量：单锅投叶量以3～5公斤为宜，以保证茶叶在炒手的翻动下能转动并相互挤压，有利于条索卷曲紧细。

②揉捻叶应初烘后进入做形工序，做形初期，机械炒手应设置在大幅快速挡摆动。同时应吹风散热，以免产生焖熟味。这一时期如有成团现象注意解块。

③做形后阶段，锅温降至50～60℃，炒手设置成小幅慢摆，进一步做形提毫，时间为10～15分钟。

（2）手工做形提毫：卷曲形名优茶手工炒制仍采用直径60厘米的电炒锅（或龙井锅）炒制，在江西省一些老茶区，仍然采用柴火灶锅炒制加工，这种灶一组为4～5锅，一人烧火，锅温的掌握由烧火的人和炒茶的人配合控制。卷曲形名优茶手工加工工序分杀青、揉捻、做形、干燥四步。杀青、揉捻和干燥基本与针形茶的加工相同。做形工序则是形成卷曲形名优茶条索紧细卷曲及茸毛显露的关键工序。做形时，锅温80～60℃。先高后低，揉捻叶下锅时要注意快速翻炒，至茶叶不粘锅时，温度降至60℃左右，以双手回转搓揉，边揉搓边翻炒，力度的掌握采用先轻后重，依次加力，也可以以掌心相对，搓茶成二、三个茶团，解散后再搓团，如此循环，至茶叶八成干时，开始提毫，捧茶于掌中旋转搓团，用力柔和均匀，使茶条互相摩擦，白毫披露，香气提高。提毫的关键主要是茶叶干燥程度和力度的掌握，茶叶过湿，茶毫不显，过干则容易断碎，力度掌握也是如此。弯勾形名优茶的做形与卷曲形稍有不同，在做形初期以理条搓条交替进行，只是在做形后期，以双手回转搓揉，使茶叶弯曲如勾（如眉）。

2.足干

（1）采用 6CH-941型碧螺春烘干机、6CH-901型碧螺春烘干机。温度应控制在60～70℃之间。

（2）烘干时及时翻动，待茶叶含水率在 5%～6%，烘至手捻茶叶成碎末即可下机摊凉。

第三节　炒青绿茶加工技术

一、长炒青加工技术

（一）品质特征

长炒青的传统产区位于皖浙赣三省的毗邻茶区，江西婺源、乐平、德兴、玉山，安徽休宁、歙县、黟县、祁门、绩溪、宁国、宣城、太平，浙江遂昌、淳安、开化、临安等县都有生产。产品集中在屯溪集散，故有屯溪绿茶（屯绿）之称，屯溪绿茶以“叶绿、汤清、香醇、味厚”的优良品质风格称著。20世纪50年代以后分称婺绿、屯绿、遂绿。还有浙江的杭绿、温绿，安徽的舒绿、芜绿，江西的饶绿，江苏的苏绿等，全国各产茶省区都有长炒青绿茶。随着经济的发展，各省区间茶叶流通数量逐渐增加，各地炒青茶之间的风格差异日趋淡化。

江西是“婺绿、饶绿”产区，其中“婺绿”又是中国出口眉茶的拳头产品。“婺绿”外形条索紧结壮实、色泽灰绿光润，汤色黄绿明亮，熟栗香高长鲜爽，味浓醇回甘。“婺绿”凭借其优良的产地环境和优良的产品品质，享誉中外，产品畅销德国、摩洛哥等50多个国家和地区。

（二）加工技术

炒青绿茶的加工工序主要包括：杀青、揉捻、干燥三大工序。其中干燥工序又可分二青、三青和辉干；根据二青、三青、辉干所采用的设备不同可分为“烘—炒—滚”和“烘—滚—炒”等多种类型组合，不同干燥形式均具有其优点和缺点，所加工出的干茶产品风格也稍有差异。下面以“婺绿”为例介绍。

1.鲜叶摊放

按等级标准采摘的鲜叶进厂后，按采摘地、品种、采摘时间、等级、晴雨叶等分类摊放，萎凋。摊放在竹席上，或专用摊放设施上，不宜直接放于地面上。中档茶摊放厚度5～10厘米，低档茶摊放15～20厘米。晴天厚摊，雨天薄摊。摊放场地要清洁卫生，通风良好，不受阳光直射。摊放6～12小时为宜。待鲜叶深绿，叶质变软，青草气减退，透发淡淡茶香，鲜叶失水10%左右为宜。

2.杀青

（1）杀青机械

杀青机械主要有锅式杀青机、槽式杀青机、滚筒杀青机、瓶式杀青机等几种。

锅式杀青机：这类杀青机主要有三种，即一灶一锅、一灶二锅和一灶三锅，当然还有一灶多锅的形式。从使用的情况来看，一灶多锅有利于节约燃料，但茶叶在不同锅之间流动时容易造成出叶不清而带来烟焦味，与其他杀青机械相比，锅式杀青的优点是可以闷抛结合，双锅的应用很好地符合了杀青温度的先高后低，有利于绿茶品质形成，而且锅式杀青的炒手的翻动可起到一定的揉捻作用，有利于眉茶的成条。但其缺点效能不高，不利于连续化、自动化作业。

槽式杀青机：这类杀青机原理与锅式杀青机基本相同，优点也较为相似，而且从能效来说，比锅式杀青机有了较大提高。但因其第一片槽的高温杀青段火点集中，容易烧坏筒体而漏烟，同时不同槽段之间的连接处有接缝，塞入茶叶后容易烧焦。

瓶式杀青机：这种类型的杀青机，与滚筒杀青机相比，特点是间断性作业，优点是利用筒体转动速度的变化达到多用途效果，既可以作为杀青机械，也可以作为炒干机械。

滚筒杀青机：作为目前生产上主要采用的杀青机械，根据筒体直径大小和加工能力可分为不同型号，滚筒杀青机具有操作方便、劳动强度小、工效较高、节省燃料，作业连续等优点，可用于清洁化、连续化生产加工，用于大宗茶生产，该机型的缺点主要是排湿不畅，杀青叶含水量偏高，容易出现“黄闷现象”，叶质闷熟，影响成茶品质的香气和鲜爽度。

炒青绿茶的杀青设备主要有上述几种，其中又以滚筒杀青机最为常见，锅式杀青机、槽式杀青机正慢慢被淘汰。当然，汽热杀青机、蒸汽杀青机、微波杀青机、热风式杀青机等新型杀青机型在大型茶叶生产企业也已有使用。

（2）杀青方法（以滚筒杀青机为例）

杀青时，先开启杀青机，同时点燃炉火，使炉筒受热均匀，避免筒体受热不均变形。当筒内有少量火星闪烁时，温度达至200～300℃，即投放鲜叶，开始投放鲜叶适当加量，避免因叶少而出现烧焦现象。等出叶正常后，调整至适量范围（初投鲜叶可二次投叶至杀匀杀透）。春茶嫩叶投叶量掌握在150～200公斤/小时，夏茶老叶投叶量掌握在200～250公斤/小时。杀青后叶子叶色暗绿，手捏叶质柔软，略有黏性，梗折不断，手捏成团，略有弹性，青气消失，茶香溢出。

3.揉捻

炒青绿茶加工中的揉捻作业均使用机械进行，其设备为茶叶揉捻机，它不仅用于绿茶加工，而且也广泛用于红茶和其他茶类。

（1）揉捻机械

茶叶揉捻机的主要结构：由揉盘与机架、揉桶与加压装置、传动机构等组成。其中揉盘材质有铜质揉盘和不锈钢材质两种，目前不锈钢材质因其清洁卫生而更受欢迎。我国生产的揉捻机以其揉筒大小作为型号标定依据，如6CR—55型揉捻机，即揉桶外径为55厘米的揉捻机。大宗茶加工常用的揉捻机型号有6CR—45型、6CR—55型和6CR—65型等。

（2）揉捻技术

主要是掌握好投叶量、控制揉捻时间和加压轻重、冷揉和热揉的合理运用等（不同揉捻机的技术参数见表5-2）。绿茶加工揉捻时，应按照揉捻机的不同型号适当确定投叶量，一般情况下，6CR—55型揉捻机每桶投叶量为杀青叶35公斤左右。投叶过多，叶团在揉桶内难以翻动，揉捻不均匀，甚至揉桶无法运转，影响揉捻质量；投叶过少，叶团同样难以翻动，成条也不好。揉捻作业时，加压轻重应以“轻—重—轻”为原则，并且加压时间要适当；加压过早过重，易形成扁条和碎茶，加压过轻，则难于成条。一般情况下，加工叶较嫩时，加压要轻；而加工叶较粗老时，加压要重些。另外，要合理应用好冷揉和热揉。嫩叶冷揉，老叶热揉。长炒青绿茶加工时的揉捻程度，一般嫩叶要求成条率达到80%～90%、粗老叶成条率在60%以上为适度，质量良好的揉捻叶要有茶汁黏附叶面，手摸有润滑黏手的感觉。揉捻叶下机后，要立即进行解块干燥，切勿久放，以免叶色变黄，甚至自动氧化变红。

表5–2　不同揉捻机工艺参数

揉捻机型号	桶 径 （厘米）	投叶量 （公斤）	台时产量 （公斤）
40型	40	10	20
45型	45	15	30
55型	55	35	70
65型	65	65	100

（3）解块筛分

解块筛分的作用：由于加工叶经过揉捻形成揉捻叶后，部分揉捻叶会形成团块，解块筛分工序的作用就是将揉捻叶中的团块解散，使整批揉捻叶冷却和通气。解块筛分作业不仅用于长炒青绿茶，在其他绿茶和茶类的加工中也被广泛应用。

4.干燥

炒青绿茶加工干燥工序相对来说是比较复杂的，要经过二青、三青和辉干三个阶段。

（1）二青

二青的主要目的是为了散失揉捻叶所含有的部分水分，减少茶条表面黏性，避免下一工序炒制时粘锅，保证下道工序的顺利进行。目前生产上流行的二青工艺主要是烘二青和滚二青。

①烘二青

使用的设备为茶叶烘干机，并以热风为烘干介质进行，故称为烘二青。这种作业方式，作业效率高，加工叶色泽好。使用烘干机烘二青，热风温度一般可为

95～115℃，二青叶的减重率为25%～30%，含水率为35%～40%。烘二青的技术难点主要是失水率的掌握，失水过少，达不到二青的目的，失水过多，不利于下一阶段的做形，而且容易造成断碎过多。二青叶烘干程度感官判定，以手捏时感觉不黏，稍感触手，可成团，松手后会弹散为适度。

②滚二青

使用的设备为瓶式炒干机，俗称“以滚代烘”。滚二青操作简便，其技术难点是保持茶叶色泽。具体做法应注意以下几点：①投叶量不宜太多，做到分次投叶，防止“粘壁”现象。②温度宜适当偏高，不宜过低。投入揉捻叶时，筒内有轻微的炒芝麻声，表明温度适宜，但滚二青后期，茶叶不粘锅后，应适当降低温度。③滚二青的时间掌握在15分钟左右，过长则有损干茶色泽。

（2）三青

三青的目的主要是为了进一步去除茶叶中的水分，使加工叶卷紧条索，基本定型，并不断使香气成分获得转化。三青工艺目前主要有炒三青、滚三青两种：炒三青就是以锅式炒干机作为三青设备，每锅投叶量7.5～10公斤二青叶，锅温为100～110℃，炒到手捏叶子有部分发硬，但不会断碎即可，含水量20%左右为宜。滚三青是以瓶式炒干机为滚三青设备，每锅投叶量视不同机型而定，同时兼顾效率和品质。生产实践证明：与炒二青相比，滚二青条索较粗松但芽叶较完整，锋苗好，断碎少。

（3）辉干

辉干是长炒青绿茶加工的最后一道工序。其目的是进一步去除水分，使其达到成茶可保存的含水率，并进一步发挥香气。同时通过辉炒，使茶条表面光润，更显锋苗。

辉干使用的机械设备以瓶式炒干机为多，制茶品质也最优。瓶式炒干机进行辉干作业时，应注意以下几点：①筒壁温度不可过高，除投叶时稍高外，一般以100℃为宜。②投叶量要大，每筒投叶量视不同型号而定，滚筒转动时有少量叶子滚出为宜。③炒制的时间以70～90分钟为宜，在低温长时间滚炒下，对形成紧结条索十分有利。④在辉干作业将要结束前的5～10分钟，迅速提高炒制温度至150℃左右，使茶叶温度达到100℃左右，即用手摸感到烫手，随后立即出叶，可显著提高茶叶香气。但时间掌握要适当，不要引起焦茶。当加工叶含水率降至6%左右时，炒青绿茶的全部炒制即告完成。

值得注意的是，在生产实践中，炒青绿茶加工工艺组合较多，本节主要介绍

“烘—炒—滚”、“烘—滚—滚”、“滚—炒—滚”、“滚—滚—滚”生产中应用较多和效果也较好组合。但就组合本身而言，也有其优点和缺点，生产实践中，厂家可以根据本身的设备和技术条件进行优化组合。另外，随着微波技术和远红外技术在茶叶加工机械设备中的应用，为不同工艺组合提供新的优化可能，这也应该引起茶叶生产加工厂家和技术人员的关注。

二、圆炒青加工技术

（一）品质特征

外形颗粒圆紧重实，色泽墨绿油润，香气浓醇，汤色黄绿明亮，叶底黄绿明亮。圆炒青（珠茶）不同等级品质特征。

（二）加工技术

机制圆炒青工艺流程：摊放→杀青→揉捻→二青→小锅→对锅→大锅。

圆炒青对鲜叶的要求和摊放、杀青、揉捻等工序技术要求与长炒青基本相同。圆炒青的干燥过程划分为四个工序，其做形难度大于长炒青。

1.摊放、杀青与揉捻

（1）摊放：摊放技术要求与长炒青相同，鲜叶含水率达70%左右，便于杀青。

（2）杀青设备和技术：与长炒青相同，杀青程度也相似，杀青叶含水率略高于长炒青，高档鲜叶在61%～64%。

（3）揉捻时间：嫩叶为10～15分钟，老叶为15～20分钟，成条率达85%～90%，叶细胞组织破坏为45%～60%。

2.二青

二青是干燥前期工艺过程，以散失水分为主，为后续工序锅炒做形创造条件。

（1）二青设备：用筒式炒干机，也可用烘干机烘二青，因为烘二青的叶质容易硬变，影响炒干成圆，所以多采用滚二青。

（2）投叶量和时间：一般长150厘米的滚筒炒干机每筒投叶量为揉捻叶35公斤左右，二青时间为30～45分钟，温度180～200℃以上。

（3）二青叶含水率：一般在40%左右，夏茶季节气温高，含水率比春茶高，控制在45%左右。

3.小锅、对锅、大锅

小锅、对锅、大锅是珠茶干燥做形的三道工序。小锅在散失水分的同时，主要是使较细嫩的叶子成圆；对锅是成圆最基本的过程，圆珠形颗粒的形成，尤其是高档茶圆珠的形成，都是在对锅工序；大锅则是进一步干燥，使在对锅中成形的圆珠更紧，达到细圆紧结重实，并使面张茶做圆。俗称“小锅脚、对锅腰、大锅头”，下脚、腰档、面张三段茶在三道工序依次有序成圆。

（1）机械设备：84型珠茶炒干机结构简单，功能完善。三道工序在同一口锅中完成。通过调节炒板角度、锅温、投叶量、炒干时间，完成各工序加工工艺。

（2）锅温：小锅温度在120～160℃；对锅温度由高到低，60～80℃；大锅温度由高到低，60～80℃。对锅、大锅由于水分汽化速度不同，汽化热的消耗大锅比对锅少，所以在对锅、大锅供热强度相似的条件下，大锅的叶温度高于对锅。温度对干燥过程失水、做圆和珠茶香味的影响，最终在珠茶的色香味形中表现出来。

（3）投叶量：小锅单锅投叶量为7.5～15.0公斤；对锅为2锅小锅叶并1锅；大锅为2锅对锅叶并1锅。

（4）炒干时间：小锅45分钟左右，对锅和大锅分别为3小时左右，全程约7小时。

（5）含水率：小锅叶为30%，老叶比嫩叶略高；对锅叶为15%～20%；大锅叶为6%～7%。炒大锅为了防止失水太快，延长做圆时间，可加盖闷炒。但加盖可能导致叶色黄熟，香气低闷，叶底泛黄，应少用或不用。

在传统加工技术上，有生产者经过多年试验，提出了温高、火匀、时短、少盖的匀火炒法。运用该法炒制，产品外形圆紧结实，色泽较绿，香气较高，品质较好。

目前珠茶生产中存在的主要问题是鲜叶原料过老、成茶香味郁闷和叶底黄暗等。因此，珠茶生产的质量控制除采取措施改善原料鲜叶品质外，在加工技术上应克服不论老嫩一律热揉，二青叶摊凉不及时或摊叶过厚，炒对锅蒸汽透出不够，炒大锅加盖闷炒不当等弊病。此外，出锅后的热毛茶要适当摊凉后再装袋，以免热茶因“闷袋”而影响品质。

第四节　工夫红茶加工技术

一、传统工夫红茶加工技术

（一）品质特征

江西的工夫红茶以“宁红”、“浮红”、“河红”等为代表。外形紧结秀丽，色泽乌润匀整；汤色红亮清澈，甜香浓郁、蜜香；滋味浓鲜饱满；叶底浅红发亮。

（二）加工技术

工夫红茶加工工艺主要包括萎凋、揉捻、发酵和干燥四道工序。原料以1芽1叶和2、3叶鲜叶为主。下面以宁红为例介绍工夫红茶的初制工艺。

1.萎凋

萎凋是红茶初制的第一道工序，也是形成红茶品质的基础工序。萎凋是指进厂鲜叶经过一段时间失水，使一定硬脆的梗叶呈萎蔫状况的过程。萎凋既有物理方面的失水作用，也有内含物质化学变化的过程。萎凋的首要条件是水分蒸发，其次是温度，再就是萎时间的长短。萎凋常用的方法有日光和萎凋槽萎凋等。日光萎凋方法是将鲜叶摊置晒簟上，在阳光下晒至暗绿色，如遇下雨，则摊于室内通风处，所需时间较长。目前多采用萎凋槽萎凋，萎调槽萎凋应掌握好温度、风量、摊叶厚度、翻抖、萎凋时间等外部条件。

（1）温度

萎凋最高温度不超过40℃。具体温度的掌握要依据鲜叶含水量和嫩度而定。一般掌握先高后低。

（2）风量

可获得较好的萎凋质量和生产效率，在萎凋过程中，为使萎凋叶失水均匀，可每隔1小时停止鼓风10分钟，达到萎凋基本适度时，在下叶前10～15分钟停止加温，只鼓冷风，降低叶温。风量大小应根据叶层厚薄和叶质柔软程度，加以适当调节。

（3）摊叶厚度

掌握嫩叶薄摊、老叶厚摊的原则，保持厚薄、松软一致，以利于通风均匀。

（4）翻抖

为使萎凋叶均匀失水和加速萎凋，以每小时停风翻抖一次，增加叶层间通气性。

（5）萎凋时间

一般达到萎凋适度的时间在8～12小时。

主要根据萎凋叶的物理特征来判断萎凋是否适度，春茶含水量55%～58%，夏茶58%～60%，即叶面光泽消失，叶形萎缩，叶质柔软，茎脉失水而萎软，曲折不易脆断，手捏叶片有柔软感，紧捏叶子成团，松手时叶子能够松散，叶色转为暗绿，鲜叶的青草气减退，发出轻微的清新花香即可。

2.揉捻

揉捻是工夫红茶塑造外形和形成内质的重要工序。经萎凋的鲜叶，用人工或机械揉捻成条，机械揉捻技术和投叶量可参照大宗绿茶的加工方法。一般检查揉捻程度，以细胞破坏率达80%以上，叶片成条率90%以上，条索紧卷茶汁适当外溢，黏附于叶表面，用手紧握揉捻叶，汁溢出但不成滴流为宜。机械揉捻揉桶转速为每分钟55～60转。投叶量：30型揉捻机10公斤，55型揉捻机35～40公斤，65型揉捻机55～65公斤。揉捻分两次进行，每次45分钟，按时加减压，加压原则为“轻—重—轻”。第一次：不加压15分钟，加轻压10分钟，减压5分钟，加重压10分钟，减压5分钟。第二次：不加压10分钟，加重压l0分钟，减压5分钟，加轻压10分钟，减压10分钟。具体视揉捻程度而定，整个过程做到嫩叶少揉，老叶重揉，即能保有锋苗，又能条索紧结。

3.解块

为辅助工序，分二次进行，主要是解散团块使揉捻程度均匀，利于发酵充分。要将茶胚团块全部解散，没有“鸡屎果”。用机械未解散的团块，要用手工辅助解散。第二次揉捻，装盒要松散，不得压紧，便于通气，有利发酵。第二次解块，分筛底和筛面，茶胚分别装发酵盒，分开发酵，并用小木牌标明批次、号头。

4.发酵

发酵是形成红茶色、香、味品质特色的关键性工序。良好的发酵增强酶的活性，促进多酚类氧化，形成较多的茶黄素和茶红素。发酵的主要条件是温度、湿度、通气（供氧）等。通常要求高湿、控温和供氧。

（1）传统发酵：将揉捻叶置木桶或竹篓中，上盖湿布或棉絮，放在日光下焐晒，待叶及叶柄呈古铜色、散发茶香，即成毛茶湿坯。传统发酵温度、湿度与环境条件密切相关，很难控制发酵质量。

（2）专用发酵室发酵：较为先进的发酵室可控制发酵室内温度、湿度，可通风供氧。发酵室内温度一般控制在24～38℃，相对湿度90%以上，同时采用人工通风保持发酵室内空气流通。摊茶厚度影响通气和叶温，摊叶过厚，通气条件不良，叶温增高快；摊叶过薄，叶温不易保持。通常嫩叶薄摊，老叶厚摊。发酵时间长短因揉捻程度、叶质老嫩、发酵条件不同而异，一般从揉捻开始计算，春茶一般在3～5小时，夏茶2～3小时，发酵适度后及时干燥。

发酵标准：以青草气消失，出现浓厚的水果香，叶色红变（春茶黄红色，夏茶红黄色，老叶红里泛青），即为适度。

5.干燥

干燥是决定品质的最后一道工序，主要是制止酶的活动，停止发酵，以保持红茶特有的品质、发展香气。常采用烘干（烘笼和烘干机），一般分两次进行（毛火、足火）。烘笼烘培，烘笼系竹编成，形如圆筒，笼内有一活动烘顶。茶置烘顶上，每笼约1.5公斤，第一次温度90℃左右，每烘5～10分钟翻一次，烘1小时,第二次温度80℃左右，烘60～80分钟，每烘15～20 分钟翻一次，烘至足干即成毛茶。目前多采用烘干机烘干。自动烘干机操作技术参考指标见表5-3。烘干技术主要掌握温度、风量、时间和摊叶厚度四个因素。

表5-3　自动烘干机操作技术参考指标

烘次	进风温度（℃）	摊叶厚度（厘米）	烘干时间（分钟）	摊凉时间（分钟）	含水量（%）
第一次	120～125	1.5～2.5	10～15	60～120	20～25
第二次	85～90	2.5～3	15～20		5～6

（1）毛火

温度120～125℃，摊叶厚度1.5～2.5厘米，干燥适度为毛火茶胚含水量20%～25%，茶条稍软，筋脉折不断。毛火茶胚下烘后，应摊凉1～2小时，厚度为8～10厘米，以达到水分再分布的目的。

（2）足火

90℃以下低温慢烘，摊叶厚度2.5～3厘米，干燥适度为条索紧结，色泽乌润，香气浓厚，用手抓茶有沙沙响声，可用手指搓成粉末，含水量5%～6%。低温慢烘茶，可乘热装袋，提高香气。

二、特色红茶加工技术

特色红茶加工工艺与工夫红茶相近，属于名优红茶，典型产品有“宁红金毫”等。近几年，由于红茶市场火热，江西省各地都有特色红茶生产。

（一）品质特征

条索紧细、金毫满披，色泽金黄，香气毫香或花香高爽持久，汤色黄亮或红亮，滋味鲜嫩浓爽甜润、叶底芽叶完整、肥嫩红亮。

（二）质量控制关键

1.鲜叶

采摘标准为单芽或1芽1叶初展，采摘时就提手采，切忌捍采；要求芽叶完整，无病虫芽，不带鳞片鱼叶，无夹杂物，大小均匀，色泽鲜活。

2.萎凋

鲜叶萎凋宜薄摊，厚度2厘米为好，不超过3厘米，并且要采取间断鼓风或吹风，萎凋时间一般掌握在12～16小时，芽叶含水量达到56%～58%为宜。

3.揉捻

揉捻机械宜选用小型揉捻机。揉捻原则以轻揉为主，先空揉10分钟，采用加压2分钟、松压8 分钟，“加压—松压”交替4次，全程一般用时为50分钟。

4.发酵

在正常温湿度条件下，时间为3.5～4.5小时，一般春茶4.0～4.5小时，夏秋茶宜3.5～4.0小时，至叶色金黄、青草味消退、有清醇花果香止。

5.初烘

采用薄摊快烘的方式，烘干温度为100℃，烘至七成干。

6.整形提毫

整形提毫工序是形成金毫的关键工序。整形提毫是在烘干过程完成的，烘干的温度适当稍低，以便于手工搓揉茶叶。在搓揉过程中，掌握适当的力度和用力方向，通常一个方向搓揉茶团，以紧缩茶叶条索，形成金毫披露的外形。

7.烘焙足干

通常采用焙笼足干的方法。足火温度以80℃为宜，用低温、慢焙发挥茶叶香气，保留毫香或花香。干茶要求水分含量低于6%，以手捻茶叶成粉末状为宜。

第五节　名优绿茶贮藏保鲜技术

茶叶是一种季节性生产，全年消费的产品，尤其是名优绿茶生产主要集中在春季，在茶叶生产后到消费者饮用前一般都有一段较长时间的贮存期。在储存过程中稍有不当，就会失去原有的风味，导致经济价值，甚至饮用价值的下降。影响茶叶变质的主要原因有水分、温度、氧气和光线，其中水分又包括茶叶中的含水量和环境空气中的含水量（空气湿度）。研究发现，影响茶叶保鲜的四个因子排序为：水分占31%、氧气占26%、光线占24%、温度占19%。在茶叶的储存保鲜中，要尽可能减少这些因子对茶叶品质的影响，名优绿茶贮藏保鲜技术主要分为控温保鲜技术、控湿保鲜技术和控氧保鲜技术，以及三种技术的组合应用，以下分述之。

一、控温冷藏保鲜技术

控温冷藏保鲜技术，通常是采用制冷机组使贮藏容器及场所的气温降到低温条件来实现的。在现有的茶叶保鲜技术中，效果最好。建立茶叶专用冷藏库也是解决大批量名优绿茶保鲜的最有效途径，低温冷藏可使茶叶处于低温条件下，并避光、除湿，可大大延长茶叶的保质期，唯一的缺点是设计投入大，使用费用高。

用于茶叶冷藏的冷库从形式上分，主要有组合式冷库和固定式冷库两种，目前茶叶冷藏中应用较多的是土建固定式冷库。组合式冷库是将制冷设备和冷库库房做成一个整体系统，外形似一大型冷柜，由生产厂家在厂内全部制造和安装好，使用时仅作简单的管线联结即可，库房内容积有30～100立方米多种规格，库房温度在-18～5℃范围内自由选择。这种冷库结构合理，保温性好，安全方便，但单位价格较高，库容量小。适合茶叶小型企业和零售部门贮藏高档名优绿茶。土建式冷库是指制冷库房及机房用建筑材料建造，所有制冷设备均需现场安装调试。这种冷库单位面积投资小，制冷设备选择余地大，库容量可大可小。土建式冷库不足之处在于安装调试较复杂，要由专门技术人员进行。制冷一般多采用氟利昂制冷剂。冷库从制冷系统所能达到的低温程度，又可分为冷藏库和冷冻库两种。但从冷库运转的经济性上综合考虑，在库房内空气相对湿度为65%的条件下，以0～5℃的温度贮存茶叶可达到保质和经济运转两者兼顾的效果，故茶叶专用冷库多为使用氟利昂F-12为制冷剂的冷藏库。

茶叶贮藏前，尤其是新冷库初次应用，或者冷库使用过程中库内相对湿度超过65%时，应及时进行换气排湿。茶叶冷库长期使用，因处于密闭状态，库内会出现异味，也应进行换气消除异味，每隔3～4年应对库房进行一次彻底清扫，以保持库内清洁和空气清新。茶叶是导热性较差的物料，尤其是用大容器而且存放量又多的情况下，茶叶入冷库保存，从入库到叶温降至要求的低温，一般要经几天时间才能达到，所以部分冷库采取先将茶叶置于工作温度比主库房内工作温度更低的预冷室内预冷却，然后再送入主库房长时间存放。冷库中的茶叶出库时，若将茶叶马上放到室外常温空气中，会使茶叶表面出现凝结水，所以茶叶出库时应在温度介于主库房内工作温度和库外空气温度之间的过渡库房内放2-3天再出库，出库后最好再过3～4天再开封出售或使用。如时间不允许，应及时做好防潮工作。

二、除湿防潮贮藏保鲜技术

水分是影响茶叶品质劣变的重要因素，这里所说的水分包括茶叶本身的含水量和贮存环境的湿度。研究发现：茶叶水分含量控制在5%以下，茶叶中各种品质劣变的生化反应能得到较好的控制。而含水量大于7%时，任何保鲜技术或者包装材料都无法保持其新鲜风味，当含水量大于10%时，则很容易霉变。而且茶叶的吸湿性较强，在湿度大的环境中，茶叶的含水量会不断增加。

除湿防潮贮藏保鲜技术，主要是利用生石灰或高级干燥剂，如硅胶吸收茶叶中的水分，达到除湿防潮的目的，保藏效果较好。方法是先将新出窑的生石灰用双层白布封好，再将茶叶用薄牛皮纸包好捆牢，包好的茶叶与封好的石灰置入坛中，注意生石灰宜放在坛或桶的中间，用密封性好的复合薄膜或其他无毒、无味的材料封好坛口，再放入干燥室内贮藏，当右灰吸收水分风化程度达80%（呈粉末状）时，应及时更换，一般来讲，新茶需在两三个月后换灰一次；利用硅胶贮茶中，如发现干燥剂的颗粒由原来的蓝色变为半透明淡红色至白色，就要将干燥剂取出在阳光下或微火中烘炼成蓝色，再继续使用。茶叶与硅胶的比例是10∶1，茶叶与石灰的比例为3∶1左右。此法是利用生石灰和硅胶较好的吸水性能，吸附茶叶中的水分及容器内的潮气，从而使茶叶含水率降低或保持在6%以下，容器内相对湿度下低至60%左右，而且由于容器内的湿度较低，因而其温度也较通常气温低3～8℃。名优绿茶在这样一个低温、低湿条件下，可以在一定时间内保持新鲜状态。使用这种除湿防潮保鲜技术优点是投资少、效果明显，非常适合小批量名优茶的贮藏。缺点是要经常更换石灰或硅胶，否则，名优茶的色泽易产生黄变。

三、除氧贮藏保鲜技术

空气中的氧是引起茶叶变质的外在因素，阻断茶叶与氧气接触可以达到较好的保鲜效果。从目前来看，阻断氧气与茶叶接触的方法主要有真空（充氮）包装、限氧除氧两种方式。

（一）真空或抽气充氮包装保鲜技术

真空包装和抽气充氮包装均要求选用阻气（阻氧）性能好的铝箔，或其他两层以上的复合膜材料，或铁质、铝质易拉罐作包装。

真空包装采用真空包装机，将袋（罐）内空气抽出后立即封口，使包装容器形成相对“真空”状态，降低氧气的含量，阻止茶叶氧化变质，达到保鲜的目的，由于一次抽气不能达到较高的真空度，氧气浓度仍较高。目前，又有一种二次真空包装技术，即首先将包装内空气抽出，充入氮气，再抽气成“真空”状态，进一步降低氧气浓度，保鲜效果较好，但真空状态的包装袋收缩成硬块状，对名优绿茶的外形完整产生一定的影响，另外包装也不太美观，需再增加适当的外包装。

抽气充氮包装，首先将袋（罐）内空气抽出，形成“真空”状态，然后充入氮气，最后严密封口，使茶叶处于低氧的环境，达到保鲜的目的，所用氮气纯度要高，实际上往往由于氮气不纯及含水量高，保鲜效果不如真空包装。真空包装及抽气充氮包装设备的一次性投入较大，特别是易拉罐包装设备，仅适用于大中型茶叶企业使用。

（二）限氧除氧包装保鲜技术

限氧是指采用气密性良好的复合膜容器包装茶叶，再加入一小包脱氧剂（或称除氧剂），然后封口，在24小时内可使包装内氧气浓度降低至0.1%以下，并能在很长时间内保持茶叶处于无氧状态，从而达到保鲜的效果，具有保鲜效果明显，成本低，方法简单，实用的特点，适合各类企业使用。脱氧剂是经特殊处理的活性氧化铁，根据茶叶包装量的不同，有30、50、100、1000型等规格，如100 克的袋装（罐装）茶用50型一小包除氧保鲜剂，125克装的用100型，250克装的用100型，10 公斤箱装的用1000型，25～30公斤箱装的用3000型。型号必须选准，小型号因吸氧量有限装在茶叶较多的包装内效果就差；反过来如100型放在50公斤装的效果虽然好，但成本费用就会增加。

阻断茶叶与氧气的接触，除了以上两种方式外，还可以利用生物技术。在绿茶中掺入经低温处理的芽孢杆菌菌粉，在茶叶低氧包装的条件下，该菌能使茶叶表面形成生物膜，从而阻断茶叶与氧的接触，达到保鲜的目的。

以上几种贮藏保鲜技术，各有优缺点。从保鲜效果来看，低温冷藏、脱氧包装、充氮包装效果较好，其次是石灰和硅胶除潮防潮贮存。如果将脱氧包装、充氮包装与真空包装和低温贮藏结合起来，其效果将大大提高。从应用对象来说，低温冷藏或石灰除湿贮存技术，比较适合大、中型的茶叶生产经营单位大量地保鲜贮存，而其他几种方法较适 合于流通过程中小包装茶叶的保鲜。从使用成本来说，以脱氧包装、真空包装、石灰除湿的成本较低，而充氮包装、低温冷库贮存的费用较高。因此，用户可根据保鲜的不同要求、货架期的长短、成本的承受能力等方面考虑采用不同的包装保鲜技术，让消费者一年四季都能品尝到具有新茶风味的茶叶。

第六章

茶叶产品认证与质量管理体系

第一节　茶叶产品认证

产品认证是指第三方提供产品符合规定要求的书面保证。从产品认证的定义可以看出产品认证是一组有序的活动，通过这组活动来证明产品符合规定的要求。

产品认证又分为强制性产品认证和自愿产品认证。强制性产品认证制度，是中国政府为保护广大消费者人身和动植物安全，保护环境，保护国家安全，依照法律法规实施的一种产品合格评定制度。凡列入强制性产品认证目录内的产品，没有获得指定认证机构的认证证书，不得生产销售，如茶叶产品实施的QS认证。自愿性产品认证是指申请者在生产、经营活动中，为了提升本企业产品的质量、信誉等级等目的而自愿提出的产品认证，如绿色食品认证、有机产品认证、GAP认证、HACCP认证、ISO认证等。

一、食品质量安全市场准入制度（QS认证）

食品质量安全市场准入制度，简称QS，是国家行政部门为保证食品质量安全、保证消费者健康安全，强制推行的制度，2004年开始实施，2005年茶叶被纳入食品安全准入的范畴，因此，所有在市场上销售的茶叶产品必须获得QS认证，有机产品和绿色食品认证也以通过QS认证为基本条件。

（一）食品质量安全市场准入制度

食品质量安全市场准入制度，为保证食品质量安全，具备规定条件的生产者才允许进行生产经营活动、具有规定条件的食品才允许生产销售的监管制度，是一项行政许可制度。食品质量安全市场准入制度包括3项具体制度：一是对食品生产企业实施生产许可制度。对于具备基本生产条件、能够保证食品质量安全的企业，发放《食品生产许可证》，准予生产获证范围内的产品。二是对企业生产的食品实施强制检验制度。未经检验或经检验不合格的食品不准出厂销售。三是获证产品实行市场准入标志制度，对检验合格的食品要加印（贴）市场准入标志——QS标志，没有加贴QS标志的食品不准进入市场销售。

（二）茶叶QS认证

茶叶列入食品质量安全准入目录后，2006年1月1日开始在茶叶行业中实施，但由于我国茶叶生产规模小，又以农户生产为主，过去一直按农产品的要求来对待，制度推行后，需要一个较长的转型过渡期。

1.QS认证的茶类

实施QS认证的茶叶产品包括所有以茶树鲜叶为原料加工制作的绿茶、白茶、乌龙茶、黄茶、黑茶、红茶，及经再加工制成的花茶、袋泡茶、紧压茶，共九类产品。茶叶的申请认证单元为一个。生产许可证上注明产品品种是一类还是几类。申请认证的主体是从事茶叶生产、加工、经营的机构。从事茶叶拼配、分装销售的企业，也在发证范围内。茶叶生产许可证有效期为3年，产品的类别编号为1401。

2.茶叶质量安全市场准入审查指南

国家质检总局为从源头上切实加强食品质量安全的监督管理，发布了《食品质量安全市场准入审查通则》，该《通则》是申请认证和认证过程实施遵循的法规。茶叶生产加工企业必须满足《通则》规定的条件，以保证茶叶质量安全。

（1）生产场所：有相对独立生产场所，周围50米内无污染源和工业企业；厂房面积不少于设备占地面积的8倍，地面和墙面硬实、平整、光洁；应有足够的鲜叶、半成品和成品仓库或场地等要求。

（2）必备的生产设备：要求分别按六大茶类要求和再加工茶的要求配备相应的设备和设施。

（3）产品相关标准：企业应有与生产的产品类别或品种相适应的产品标准，可以是颁布实施的国家标准、部颁标准、地方标准、行业标准和企业标准。

（4）原辅材料的要求：有满足生产要求的茶树鲜叶、毛茶和鲜花等原料。

（5）必备的出厂检测设备和人员：包括感官审评用的场所和器材；水分检测、净含量检验、粉末茶检验等检验设备，并必须保持性能良好（年度检定合格）；必要的检验人员，检验人员需要持证上岗等。

（三）企业办理食品生产许可工作程序

省食品药品监督管理部门受理企业食品生产许可证申请。组织对企业的生产条件和检验能力进行现场审查，提出审查意见。

1.企业申请

企业持工商营业执照到省食品药品监督管理部门领取《食品生产许可证申请书》。

2.提交申请

申请认证的企业必须提供书面材料，材料包括：食品生产许可证申请书，营业执照、企业代码、企业生产场所布局图、工艺流程图、质量管理文件、产品执行标准文件，以及申请书上规定的其他材料。

3.现场审查、抽样和检验

书面材料审查符合要求的企业，认证管理机构将安排审查组对企业的生产条件和检验能力进行现场审查，现场审查合格的，由审查组对其生产的茶叶按规定进行抽样，交由符合条件的检验机构进行检验；现场审查存在问题或不合格的，企业可以采取纠正措施或整改，经确认或复审符合规定要求的，对其生产的茶叶按规定进行抽样，交由符合条件的检验机构进行检验。

4.审核、汇总、上报

审查组完成审查报告，报送管理部门。管理部门按规定将符合的企业名单及有关材料上报到发证部门。

对不符合条件的企业，在规定时间内向企业下发《食品生产许可证审查不合格通知书》。

5.发证

发证管理部门收到上报的材料后，核准批复符合发证条件的企业名单，并在规定时间发放《食品生产许可证》。

6.统一公告

认证管理部门统一公告取得《食品生产许可证》的企业名单。

二、有机茶认证

有机农业强调对生态环境的保护和减少对自然界不可再生资源的使用，在生产过程中不使用化学合成的农药、化肥。有机产品（包括食品和不能食用的农产品）能切实保障食品安全和人类健康，并符合我国建设环境友好型和资源节约型社会的总体要求，现已成为我国提高农民收入、调整农业产业结构、解决农村环境问题的有力手段。中央也做出了“支持发展有机农业”的重大决策，近几年的中央一号文件中都提出要积极发展有机农业。

有机产品认证是自愿性认证。有机产品认证是从国外引入的认证体系，我国从20世纪90年代开始引入有机食品的理念，进而开展有机食品认证。茶叶作为农产品的一种，较早在我国开始有机认证。江西生态环境良好，茶叶品质优越，具有发展有机茶的基础条件，是发展有机茶最早的省份，江西的有机茶出口占全国有机茶出口的70%以上。

（一）有机茶认证标准的演变

1.农业部行业标准

90年代末，中国农业科学院茶叶研究所开始着手研究有机茶生产技术，并成立了有机茶发展中心，推动了有机茶产业的发展。为了规范有机茶生产，2002年中华人民共和国农业部制订和实施了农业行业标准NY5196《有机茶》、NY/T5197《有机茶生产技术规程》、NY/T5198《有机茶加工技术规程》和NY/T5199《有机茶产地环境条件》4个标准，形成了一套从茶园到茶产品的完整标准体系，这一标准体系是2005年前中国有机茶生产和认证的重要依据。

2.国家法规、规章和标准

为了完善有机产品认证标准法规体系，保障有机农业健康发展。2004年，原国家环保总局将有机产品认证监督管理工作移交国家认监委后，国家认监委依据《中华人民共和国认证认可条例》和有机产品认证认可的国际通行做法，组织制定并由国家质检总局颁布了《有机产品认证管理办法》（国家质检总局2004年第67号令）、由国家标准委员会发布了GB/T 19630.1—4《有机产品》国家标准、制定了《有机产品认证实施规则》（国家认监委2005年第11号公告）。这些法规、规章和标准的颁布和实施标志着中国有机产品已进入国内有机市场快速发展阶段，中国已建立起了较为完善的认证认可法律法规和认证规范、规则和技术标准体系。

3.新版实施规则和国家标准的修制订

随着人民生活水平的提高和公众对食品安全的关注，有机产品成为部分人群消费热点，有机产品价值逐渐得到市场认可，开展、扩大有机产品生产也成为一些企业经济效益增长的重要途径。发展有机农业，充分利用有机产品认证手段，为保障食品安全、破除国际贸易壁垒、增加产品附加值、提高农民收入等方面发挥了基础作用。《有机产品认证实施规则》、《有机产品认证管理办法》和GB/T 19630—2005《有机产品》国家标准等规章、标准的发布实施，对我国统一有机产品生产、认证和贸易发挥了重大作用，推进了有机农业生产模式和产业技术的研究和发展，促进了有机产业从业者素质的不断提高，为资源节约和生态环境保护做出了贡献。然而，随着我国有机产业的发展，由于商业竞争激烈、少数企业缺乏诚信等原因，一些问题也开始凸现，成为媒体和公众关注热点。由于企业诚信水平和市场的不规范，致使假冒有机产品在市场上一定程度地存在。由此可见，随着国内外有机产品认证的不断发展，我国有机产品认证规范、标准部分内容已经不能满足国内外开展认证、实施监管和国际贸易的要求，需要进行修订和完善。同时，也由于主要发达国家已完成了有机产品法规标准新一轮的制修订，如：欧盟2009年开始实施新的有机产品认证法规和实施细则，日本2005～2006年对JAS法规进行了修订，美国也对其NOP有机法规进行了系列的修改。为满足国际互认和与国际接轨需要，2008年，国家认监委向国家标准化管理委员会提出GB/T 19630—2005《有机产品》标准的修订计划，组织国内相关认证机构、研究机构和专家对标准进行了修订。同时国家认监委还修订了《有机产品认证实施规则》，并发布《有机产品认证目录》，新版GB/T 19630.1—2011《有机产品》国家标准于2012年3月1日起正式实施。新版实施规则和国家标准的修订、发布实施，进一步规范了我国有机产品生产、加工和认证活动，标准规定了申请有机认证的产品目录，不在产品目录范围内的产品不能申请有机产品认证，茶叶为列入目录产品之一。

（二）有机产品认证规范、标准特点

1.我国现有有机产品认证相关部门

（1）主管机构：主管机构为国家认监委。国家认监委由国务院设立，履行行政管理职能，统一管理、监督和综合协调全国各类认证认可（包括有机产品认证和有机产品认证机构认可）工作。

（2）认可机构：中国合格评定国家认可委员会（CNAS），由国家认监委依法授权作为中国唯一的认可机构，负责对认证机构（包括有机认证机构）进行评价认可。

（3）行业组织：中国认证认可协会（CCAA），负责认证审核员与检查员（包括有机产品检查员）的注册与管理。

（4）地方认证监督管理部门：各省、自治区、直辖市质量技术监督局和各直属出入境检验检疫局为地方认证监督部门，在认证监督管理业务上接受国家认监委指导。

（5）有机认证机构：从事有机产品认证的机构有北京中绿华夏有机食品认证中心、南京国环有机产品认证中心、杭州中农质量认证中心等20余家。

2.我国有机产品法规与标准

按照法律效力，我国现有的与有机产品认证认可有关的规范性法律文件可分为法律、行政法规和行政法规性文件、部门规章及行政规范性文件。

（1）法律：《中华人民共和国食品安全法》、《中华人民共和国农产品质量法》、《中华人民共和国产品质量法》、《中华人民共和国进出口商品检验法》、《中华人民共和国标准化法》、《中华人民共和国计量法》等，分别从不同角度规定了国家推行产品质量认证制度和管理体系认证制度及在不同领域利用和推动认证认可工作及其结果的政策和方式。

行政法规和行政法规性文件：《中华人民共和国认证认可条例》、《中华人民共和国标准化法实施条例》、《中华人民共和国计量法实施条例》等，是规范我国认证认可活动的重要法规。

部门规章：《有机产品认证管理办法》、《认证机构管理办法》、《认证证书和认证标志管理办法》等。

行政规范性文件：《有机产品认证实施规则》（国家认监委2014年第11号公告）及其他由国家认监委发布的规范性文件。我国有机产品标准为国家标准《有机产品》GB/T 19630.1–4标准，该标准是有机产品生产、加工、标识、销售和管理应达到的技术要求。

3.新版法规和标准的特点

在新版《有机产品认证管理办法》、《有机产品认证实施规则》和《有机产品》国家标准的修订过程中，体现了以下特点。

（1）要求更加严格

一是生产、加工、标识、销售标准更加严格。比如同一生产单元内一年生植物不能进行平行生产，销售产品需使用销售证并建立“一品一码” 追溯体系。二是认证程序更加严格规范。如加严了对环境监测（检测）的要求，现场检查需覆盖所有生产活动范围，规定对产品所有生产季（茬）均需现场检查，认证活动需提前报告监督部门，认证证书由信息系统统一赋号等。三是监管更加严格，处罚更加严厉。细化了监督管理部门责任，明确了飞行检查、产品检测、对销售的产品进行检查等监督手段；加强对认证机构、获证组织的违法行为的处罚；对获证企业不诚信、严重违规等行为加大了处罚力度。

（2）统一的认证要求

对原先由认证机构自由裁量的内容进行统一要求，如统一的有机产品认证制度、统一的标准、统一的认证目录、统一的转换期判定、统一的认证实施规则、统一的现场检查范围和要求、统一的认证标志、统一的认证证书有效期（1年）。

（3）建立了有机产品追溯体系

严格规范产量核算、收获、加工、包装、销售等环节的认证检查过程，要求在获证产品或者产品的最小销售包装上，加施中国有机产品认证标志及其唯一编号、认证机构名称或者其标识，确保发放的每枚有机产品认证标志能够从市场溯源到所对应的每张有机产品认证证书、获证产品和生产企业，做到信息可追溯、标识可防伪、数量可控制。消费者还可通过“中国食品农产品认证信息系统”网站进行查询、验证。

（4）引入风险分析和风险管理概念

把风险评估和风险管理作为开展有机产品认证活动和监督管理、加强科学性和权威性的重要手段，在《有机产品认证管理办法》和《有机产品认证实施规则》中多次提及风险评估，监督管理部门建立风险监测和预警制度。

（三）有机茶生产的基本要求

有机茶生产对茶园环境和生产过程都有较为严格的要求。

1.有机茶生产的环境要求

有机茶园应建在有良好生态环境的区域，茶园的环境条件必须满足国家标准GB/T 19630.1—2011《有机产品》中关于产地环境的要求，具体指标要求见第二章第一节。产地应水土保持良好，茶园周围林木繁茂，生物植被丰富，生物多样性指数高，空气清新，周围有较丰富的有机肥源。能充分利用农业生态系统的自然调节能力，提高土壤肥力，控制病、虫、草害。

2.有机茶生产的过程要求

在GB/T 19630.1—2011《有机产品》的四个标准中规定了有机产品的生产过程要求，应用到有机茶生产过程，关键要遵循以下管理模式：

（1）禁止使用化学合成物质的原则：在茶园培肥、病虫草害控制方面，不能使用化学合成的除草剂、农药、化肥、叶面肥等物质，不熟悉或不能确定不含化学合成的物质，应避免在茶园中使用。

（2）有机茶园肥培管理：有机茶园的培肥措施主要以施基肥为主，配合土壤改良措施，奠定有机茶园良好的营养基础。基肥以有机肥为主，所有农家有机肥使用前必须经过无害化处理。

（3）有机茶园病虫害草控制：有机茶园的病虫害控制要遵循自然的原则，应用生态学的基本方法，以农业措施为主，辅以适当的生物、物理防治技术，限制性地使用一些植物源、矿物源和生物农药。草害以人工、机械清除和行间覆盖等措施为主，限制地使用生物防治。

（4）控制好生产过程污染：生产过程不使用基因工程技术改造过的种子、苗木和产品。作物在收获、清洁、干燥、贮存和运输过程中不能受化学物质的污染。加工鲜叶必须95%以上来自通过认证的有机茶园，加工工序中不使用人工合成的添加剂。

（5）生产全过程必须有完整的质量追溯制度。

（四）有机茶认证的程序

我国开展有机认证的机构很多，但从目前的情况来看，认证机构开展有机认证的程序基本一致，只是步骤上稍有差异。申请有机茶的一般程序包括询问、申请和签约、材料初审、采样检测、实地检查、综合审查、认证决议、颁发证书等。

1.询问：了解有机茶认证相关信息，认证的基本要求和认证程序。向认证机构索取相关资料。

2.申请与签约：填写申请表，缴纳申请费，递交申请表等材料。签订认证协议书等。此时要按认证机构的要求将认证所需材料都准备齐全。

3.材料初审：认证机构在收到申请人的材料后，组织对申请人递交的材料进行审查，指导申请方进一步完善材料。

4.采样检测：申请人在申请认证的茶园采集土壤样品、采制茶叶样品，送认证机构认可的机构，对土壤样品和茶叶样品进行质量安全指标检测，检测指标是否符合有机茶的质量安全要求，是决定认证过程是否进入下一步程序的重要依据。

5.实地检查：也称现场检查，是有机认证的关键程序。认证机构派出经认可的检查员，依据有机产品认证的相关法律法规、规章、标准等，对申请者的种植、加工和贸易体系等进行实地检查评估，并形成实地检查记录，必要时需再取样复测。检查员实地检查后，将根据实际检查情况编写详细的检查报告，实地检查记录和检查报告将作为有机茶认证机构综合评估和认证委员会审议的重要材料。

6.综合审查：认证机构根据实地检查的检查报告、相关检测报告和申请者提供的有关材料，并对照有机认证标准，进行综合审查，并编制综合评估报告。

7.认证决议：认证决定人根据认证机构编制的评估报告、检查员报告、相关的调查表和证明材料，评价申请者是否符合相关标准，作出同意认证、有条件认证、有机转换认证和拒绝认证的决定。

8.颁发证书：认证机构将所有材料及认证决定上传到认监委有机产品认证管理系统，获得认证证书编号等信息后，对获证企业和申请人颁发证书。

（五）申请有机茶认证需提交的文件和资料

认证申请人的合法经营资质文件的复印件，包括营业执照副本、组织机构代码证、土地使用权证明及合同等。

申请人的有机茶园、生产、加工、经营的基本情况和规划，质量管理体系文件等。包括申请人名称、地址、联系方式、生产单元或加工场所概况，申请认证的产品名称、品种，生产规模包括面积、产量、数量、加工量，过去三年间的生产、加工历史情况说明材料，申请和获得其他认证的情况等。以及有机生产、加工的质量管理体系文件，质量保证、标识与追溯体系建立、有机生产加工风险控制措施等。质量管理体系文件和追溯体系的建立见本章第二和第三节相关内容。

三、绿色食品认证

为了保护农业生态环境，推动我国农业可持续发展，满足城乡居民对高质量食物日益增长的需求，密切农业与食品制造业、生产者与消费者之间的联系，增加农民收入，提高食品企业经济效益，创造新的机会和途径，农业部于1989年提出绿色食品的概念，1990年正式开始发展绿色食品。绿色食品的生产首先在全国农垦系统启动和实施。

绿色食品是在国内外农业生产背景条件下，根据我国的基本国情提出的，强调产品安全、优质、富营养的特点。绿色食品标志是中国绿色食品发展中心在国家工商行政管理局商标局正式注册的证明商标。中国绿色食品发展中心采用认证管理方式和许可证管理方式，许可使用绿色食品标志。绿色食品的认证由中国绿色食品发展中心进行管理。中国绿色食品发展中心负责绿色食品标志使用申请的审查、核准工作；省级农业行政主管部门所属绿色食品工作机构负责本行政区域绿色食品标志使用申请的受理、初审、现场检查工作。绿色食品标志使用证书有效期三年。证书有效期满，需要继续使用绿色食品标志的，标志使用人应当在有效期满三个月前向省级工作机构提出续展申请，同时完成网上在线申报。

（一）绿色食品茶标准及标准要求

绿色食品是农业部推行的产品认证，农业部对绿色食品生产有一整套农业行业标准体系，包括产地环境标准、绿色食品生产技术标准、绿色食品生产资料使用标准、绿色食品产品及绿色食品包装、贮藏、运输标准等。绿色食品涉及种植、养殖和加工业，标准很多，与茶叶相关的标准有NY/T 391–2013《绿色食品产地环境质量》、NY/T 1054–2013《绿色食品产地环境调查、监测与评价规范》、NY/T 392–2013《绿色食品 食品添加剂使用准则》、NY/T 393–2013《绿色食品 农药使用准则》、NY/T 394–2013《绿色食品 肥料使用准则》、NY/T 288–2012《绿色食品 茶叶》、NY/T 2140–2012《绿色食品 代用茶》等。

生产绿色食品茶对茶园环境、土壤等具体条件见第二章第一节相关内容。

（二）绿色食品认证程序

绿色食品认证申报，实际上是绿色食品产品质量认证和许可使用绿色食品标志的申报，申报绿色食品认证程序如下：

1.认证申请

绿色食品认证由中国绿色食品发展中心（以下简称中心）统一管理，申请人向省级农业行政主管部门所属绿色食品工作机构提出申请。

2.受理及文审

省级工作机构在收到申请材料之日起十个工作日内完成材料审查。符合要求的，予以受理，向申请人发出《绿色食品申请受理通知书》；不符合要求的，不予受理，书面通知申请人本生产周期不再受理其申请，并告知理由。

3.现场检查和产品抽样

省级工作机构根据申请产品类别，组织至少两名具有相应资质的检查员组成检查组，在材料审查合格后四十五个工作日内组织完成现场检查（受作物生长期影响可适当延后）。现场检查前，提前告知申请人并向其发出《绿色食品现场检查通知书》，明确现场检查计划。

4.环境监测

现场检查完成后，检查组在十个工作日内向省级工作机构提交《绿色食品现场检查报告》；省级工作机构依据《绿色食品现场检查报告》向申请人发出《绿色食品现场检查意见通知书》；现场检查合格的，申请人按照《绿色食品现场检查意见通知书》的要求委托检测机构对产地环境、产品进行检测和评价。现场检查不合格的，通知申请人本生产周期不再受理其申请，告知理由并退回申请。

5.产品检查

绿色食品定点产品监测机构完成检测工作，出具产品检测报告，连同填写的《绿色食品产品检测情况表》，抄送省级绿色食品办公室。

6.认证审核

中心自收到省级工作机构报送的完备申请材料之日起三十个工作日内完成书面审查，提出审查意见，并通过省级工作机构向申请人发出《绿色食品审查意见通知书》。需要补充材料的，申请人在《绿色食品审查意见通知书》规定时限内补充相关材料，逾期视为自动放弃申请；需要现场核查的，由中心委派检查组再次进行检查核实；审查合格的，中心在二十个工作日内组织召开绿色食品专家评审会，并形成专家评审意见。

7.认证评审与颁证

中心根据专家评审意见，在五个工作日内做出是否颁证的决定，并通过省级工作机构通知申请人。同意颁证的，进入绿色食品标志使用证书颁发程序；不同意颁证的，告知理由。

（三）申请绿色食品认证需递交的材料

1.基本材料

《绿色食品标志使用申请书》和《调查表》；资质证明材料（包括营业执照、全国工业产品生产许可证、商标注册证等证明文件复印件）；包括质量管理手册、质量控制规范、生产技术规程等在内的质量体系文件。

2.辅助材料

基地行政区划图、基地位置图、地块分布图、加工厂平面图、基地清单、农户清单；基地所有权相对性证明材料，合同、协议，购销发票，生产、加工记录等质量追溯记录等。

四、HACCP认证

HACCP是Hazard Analysis Critical Control Point的英文缩写，中文名称是“危害分析和关键控制点”，它是一种对食品安全危害予以识别、评估和控制的系统方法，也是一个确保食品生产过程及供应链免受生物、物理、化学性危害污染的安全管理工具。

HACCP（危害分析和关键控制点）是科学、简便、实用的预防性的食品安全控制体系，是企业建立在GMP（良好操作规范）和SSOP（卫生标准操作程序）基础上的食品安全自我控制的最有效手段之一。HACCP认证工作由国家最高认证管理机构---认证监督管理委员会（简称认监委）统一管理。CQC（中国质量认证中心）作为唯一的直属国家认监委的认证机构，是全国唯一获认可的HACCP认证中心。

（一）基本概念

1. 关键控制点（简称CCP）：是指可将某一项食品安全危害防止、消除或降低至可接受水平的控制点。

2. 危害分析和关键控制点（简称HACCP）：是指对食品安全危害予以识别、评估和控制的系统化方法。

3. HACCP计划：是指在HACCP原理基础上制订的，列出了操作程序的书面文件。

4. HACCP体系：是指企业经过危害分析找出关键控制点，制定科学合理的HACCP计划在食品生产过程中有效地运行并能保证达到预期的目的，保证食品安全的体系。

5. HACCP体系认证：是指企业委托有资格的认证机构对本企业所建立和实施的HACCP体系进行认证的活动。

（二）基本原理

HACCP关注的焦点是整个食物链的安全危害，即从原料、中间产品到餐桌的每一个环节的危害和管理控制。HACCP体系包括七个原理：进行危害分析；确定关键控制点；建立关键点的控制限值；建立关键点监控体系；当监控发现关键控制点偏离控制限值时采取纠偏措施；建立并保存与HACCP计划有关的全部记录；建立验证程序，证明HACCP的有效性。

（三）申请认证需递交的材料

1.基本材料

认证申请书；资质证明材料（包括营业执照、全国工业产品生产许可证、商标注册证等证明文件复印件）；包括良好生产规范（GMP）在内的HACCP手册、组织机构图与职责说明等管理体系文件。

2.辅助材料

厂区位置图、平面图；加工车间平面图；产品描述、工艺流程图、工艺描述；危害分析单、HACCP计划表；加工生产线、实施HACCP项目和班次的说明；生产、加工主要设备清单和检验设备清单；生产、加工过程中遵守的相关法律、法规、标准和规范清单等。

（四）茶叶企业建立HACCP体系的关键点

1.茶叶生产过程危害分析

危害在HACCP体系中仅限于安全方面。进行危害分析，要依据加工过程能导致食品不安全的生物、化学或物理因素着手进行分析。分析的目的是为了确定哪种危害是显著的并且应该在HACCP计划中控制。

进行危害分析时要注意把对安全的关注和对品质的关注区分开来。与GMP相关的卫生、经济欺诈、健康等问题当然是很重要的，然而除非这些问题具体影响到食品安全，否则就不要列为由HACCP计划来控制。

针对茶叶生产过程，分析影响茶叶安全的危害主要是：因防治病虫害施用的农药而引起的农药残留，及环境、土壤、机械、运输工具、加工工序等所带来的重金属等化学危害；其次是成品茶生产后包装及储存过程所引起的微生物危害；另外还有因加工过程操作不当而引起的玻璃、金属、石头等物理危害。

2.确定关键控制点

关键控制点（CCP）是生产过程中可进行控制，并能预防、消除食品安全危害，或将其降低到可以接受水平的必需步骤。对在危害分析期间确定的每个显著危害，必须用一个或多个关键控制点进行控制，即在这些点采取预防措施，有效地控制危害。

（1）在生产加工中，可能用以下步骤预防显著危害，这些点可以考虑作为关键控制点。

①能通过控制农药使用种类、农药施用量及安全间隔期等预防农药残留量超标。

②通过鲜叶原料进厂检验预防农药残留超标。

③能通过加工过程清洁生产控制重金属等化学危害超标。

④能通过加工过程降解农药残留量。

（2）在生产加工中能将危害消除的点，可以确定为关键控制点。

①可通过改进病虫防治技术，使农药残留降低。

②加工过程中，由于使用高温，病原体被杀死。

③通过从加工过程产品检验剔除污染的产品。

（3）在生产加工中能将危害降低到可接受水平的点，可以确定为关键控制点。

①可通过严格控制安全间隔期后采摘使农药残留减少到最低程度。

②外来杂物通过人工挑选和机械拣剔等方法来减少到最低程度。

③可以通过绿色食品茶、有机茶生产基地认可，使化学危害减少或降到最低程度。

3.实例

某绿茶（初制茶）加工企业设定的关键控制点（CCP），如表6-1。

表6-1　茶叶初制关键控制点

加工步骤	潜在危害	显著性	关键控制点	预防措施
鲜叶验收	化学性：农药残留、重金属	是	是	要求鲜叶原料生产基地通过无公害农产品基地认定或绿色食品、机食品认证，必要时对原料进行检验
	物理性：杂质			对原料进行人工目测检验
鲜叶摊放	生物性：微生物	是		按GMP（良好操作规范）和SSOP（卫生标准操作程序）规范操作程序操作
杀青	物理性：重金属	是	是	要求茶机供应商提供有关证明文件，炒茶油符合标准
揉捻	物理性：重金属			要求茶机供应商提供有关证明文件
干燥	生物性：微生物	是		按GMP和SSOP规范操作程序操作
	物理性：重金属			要求茶机供应商提供有关证明文件
包装	生物性：微生物	是	是	按GMP和SSOP规范操作程序操作
	物理性：杂质	是		建立有效的SSOP操作程序，避免异物残留

第二节　茶叶企业质量管理体系

一、质量管理体系概述

（一）质量管理体系

质量管理体系是指在质量方面指挥和控制组织的管理体系，是企业内部建立的、为保证产品质量或质量目标所必需的、系统的质量活动。企业要实现质量管理的方针目标，有效地开展各项质量管理活动，必须建立相应的质量管理体系。通常包括制定质量方针、目标以及质量策划、质量控制、质量保证和质量改进等活动。根据企业特点选用若干体系要素加以组合，加强从设计、研制、生产、检验、销售、使用全过程的质量管理活动，并予制度化、标准化，成为企业内部质量工作的要求和活动程序。

质量管理体系具有系统性，是相互关联和作用的组合体，包括：①组织结构。合理的组织机构和明确的职责、权限及其协调的关系。②程序。规定到位的形成文件的程序和作业指导书，是过程运行和进行活动的依据。③过程。质量管理体系的有效实施，是通过其所需过程的有效运行来实现的。④资源。必需、充分且适宜的资源，包括人员、设施、设备、能源、技术和方法。

（二）质量管理体系文件

质量体系是实施质量管理所必需的组织结构、程序、过程和资源。一个企业的质量管理就是通过对企业内各种过程进行管理来实现的，因而就需明确对过程管理的要求、管理的人员、管理人员的职责、实施管理的方法以及实施管理所需要的资源，把这些用文件形式表述出来，就形成了该企业的质量体系文件。质量管理体系文件就是描述一个企业质量体系结构，职责和工作程序的一整套文件。

（三）质量体系文件的结构

质量体系文件主要由质量手册、质量体系程序和作业程序、表格、报告等文件构成；各层次文件可以分开，也可以合并；当各层次文件分开时，有相互引用的内容，可附引用内容的条目；下一层次文件的内容不应与上一层次文件的内容相矛盾，下一层次文件应比上一层次文件更具体、更详细；也有的企业把质量文件中的作业程序作为第三层次，把表格、报告、记录等作为第四层次；各层次间合并还是分开，可由企业根据自己的习惯和需要去决定。

（四）质量体系文件的编写技巧

1.自上而下依次展开的编写方法

按质量方针、质量手册、程序文件、作业程序（规范）、质量记录的顺序编写；此方法利于上一层次文件与下一层次文件的衔接。采用本方法编写质量体系文件要求文件编写人员熟悉ISO9000族国际标准以及相关国家标准，并对企业的生产过程有较深的了解。

2.自下而上的编写方法

按基础性文件、程序文件、质量手册的顺序编写；此方法适用于已有较好管理基础和人员素质的组织。需事先设计好文件的总体方案，否则易出现混乱。

3.从程序文件开始，向两边扩展的编写方法

先编写程序文件，再开始手册和基础性文件的编写；此方法的实质是从分析活动，确定活动程序开始；此方法有利于ISO9000族国际标准的要求与组织的实际紧密结合。

二、质量管理手册的编写

（一）确定基本框架

质量管理手册是规定企业组织建立质量管理体系的文件，质量管理手册需对企业质量管理体系作系统、完整和概要的描述。是证实或描述文件化质量体系的主要文件，是阐明一个组织的质量方针，并描述其质量体系的文件。具备纲领性、指令性、系统性、协调性、先进性、可行性和可检查性。

1.编制目的

（1）传达公司的质量方针、程序和要求。

（2）使质量体系有效运行。

（3）规定改进的控制方法和促进质量保证的活动。

（4）为质量体系审核提供依据。

（5）当情况改变时，保持质量体系及其要求的连续性。

（6）按质量体系要求及相应方法培训人员。

（7）对外展示其质量体系，须符合顾客或认证机构的要求。

2.编制步骤

（1）确定并列出现行适用的质量方针、目标、程序或编制相应的计划。

（2）依据所选用的质量体系标准确定质量体系要素。

（3）采用多种方法，从各个方面收集与质量体系相关的资料。

（4）从业务部门收集补充原始文件或参考资料。

（5）确定待编制手册的格式和结构。

（6）根据预定的格式和结构将文件分类。

（7）使用适合于本企业组织的任何其他方法，完成质量管理手册草案的编写。

3.质量手册的一般结构

质量管理手册编写内容包括：封面、前言（企业简介，手册介绍）、目录、颁布令、质量方针和目标、组织机构（行政组织机构图、质量保证组织机构图、质量职能分配表）、质量体系要求、管理职责（目的、范围、职责、管理要求、引用程序文件等）、质量体系、统计技术、质量管理细则及附录等章节。

（1）前言

①企业简介：简要描述企业名称、企业规模、企业历史沿革，隶属关系，所有制

性质，主要产品情况（产品名称、系列型号），采用的标准，主要销售地区，企业地址、通讯方式等内容。

②手册介绍：介绍本质量手册所依据的标准及所引用的标准，手册的适用范围，必要时可说明有关术语、符号、缩略语。

（2）颁布令

以简练的文字说明该公司质量手册已按选定的标准编制完毕，并予以批准发布和实施。颁布令必须以公司最高管理者的身份叙述，并予亲笔签名和实施日期。

（3）质量方针和目标

质量方针和目标是引导企业前进的方向和指南。方针是实现目标所采取的手段和措施；目标是在一定时间内期望通过各种活动达到的总体目标，要达到的效果和结果。

（4）组织机构

包括行政组织机构图、质量保证组织机构图、质量职能分配表等，机构图以图示方式描绘出本组织内人员之间的相互关系。质量职能分配表指以表格方式明确体现各质量体系要素的主要负责部门、若干相关部门。

（5）质量体系要求

根据质量体系标准的要求，结合该公司的实际情况，简要阐述对每个质量体系要素实施控制的内容、要求和措施。力求语言简明扼要、精炼准确，必要时可引用相应的程序文件。

（6）质量手册管理细则

简要阐明质量手册的编制、审核、批准情况，质量手册修改、换版规则，质量手册管理、控制规则等。

（7）附录

质量手册涉及之附录均放于此（如必要时，可附体系文件目录、质量手册修改控制页等），其编号方式可为附录A、附录B，以此顺延。

（二）质量管理手册编写要点

质量管理手册一般由概述、正文和补充三部分构成。

1.概述

（1）封面

质量手册是组织质量管理的纲领性文件，应纳入组织标准体系内，质量手册的封面应按组织管理标准的统一封面格式编制。一般应包括文件编号、手册名称、组织名称、发布及实施日期等。

质量手册的编号应按组织管理标准的统一编号办法进行。通常编号由组织代号、部门代号、标准性质代号、标准顺序号和年代号等五个部分组成。

（2）批准页

批准页为质量手册的发布令，一般由组织最高管理者签字发布，其内容包括简要说明质量手册的重要性及各部门的实施要求，以及实施时间。

（3）目录

由于质量手册篇幅较长，为了查阅方便，必须编写目录。目录应列出手册所含各章节的题目和页码。各章节及前言、附录等的编排应清楚、合理。

（4）主题内容与实用范围

在这一部分应标出手册的适用领域，包括关于质量管理体系要求内容的增加及剪裁情况，以及质量手册不适于哪些场合、不涉及什么内容等。这部分内容也可以放在前言中一并阐述。

（5）前言

前言内容主要有组织基本情况，如组织名称、地址、规模、通讯方式等，另外还有组织发展概况，尤其是质量管理历史及在质量方面所获得的荣誉，实施质量管理体系的动机、目的等。

（6）质量手册的管理

说明质量手册由哪个部门负责编制，谁负责审批、更改、发放、保管、作废等如何控制。

2.正文部分

（1）质量方针和目标

质量方针由组织最高管理者确定。从内容上看，质量方针应与组织的宗旨相适应，包括对满足要求和持续改进的两项承诺。所谓满足要求包括满足顾客要求和法律法规要求，顾客要求又包括明确的（如合同要求）和潜在的要求。

质量目标应包括满足服务要求所需的内容。质量目标应是可测量的，并与质量方针保持一致。通过质量目标的实现，达到质量方针的落实。组织各职能、各级质量目标之间应相互协调，存在内在联系，以各部门质量目标的完成来保证实现组织的质量目标，也就是在制订质量目标时，一般先制订组织的质量目标，然后层层分解形成各部门、各层次的质量目标，所有质量目标应尽可能量化。

质量方针和目标必须体现组织对质量的追求和对顾客的承诺，是职工质量行为的准则和质量工作的方向。要注意符合组织实际，不要搞一个通用的口号。

（2）组织机构

在这部分要明确本单位的机构设置，分条款地阐明影响到质量的各管理、执行和验证的职能部门的职责、权限以及隶属和工作关系。该部分一般可先画出组织总的结构图，再进一步画出质量管理组织结构图，然后分条款阐述与质量有关的主要部门的职责、职权等关系。

（3）附加说明

附加说明一般包括：质量手册的起草单位、起草人等需要说明的事项。

（4）质量职能

该部分可以职能分工表的形式体现，将各质量管理体系要求分配到各个部门，使各要求的质量保证得到落实。编写方法是将选定的质量管理体系要求进行分解，展开为一项项的具体质量活动，然后针对每一项质量活动，确定负责部门和配合部门，这样就可以将各个要求落实到各个部门，避免无人负责和相互推诿。

（5）质量管理体系要求

这是正文中的主要部分。要对所依据标准的各条要求，就如何进行管理和控制一一予以阐述，手册中各项内容的先后顺序尽可能与标准内容顺序一致，便于对照。编制手册时必须注意覆盖标准要求，不能随意取舍或不加任何说明。

3.补充部分

附录：附录部分在于补充说明正文的内容。如组织结构图、质量职能展开表以及质量手册涉及的其他图表等，均可放在附录中。

（三）程序文件和作业指导书

程序文件包括操作规程和管理制度等内容。生产操作规程是企业针对茶叶生产关键环节而制定的，用以指导和规范茶叶生产、加工和销售过程中关键环节的具体操作程序和操作方法，是确保企业的茶叶生产、加工和销售过程符合相关操作和标准的管理性文件。

操作规程和管理制度一般包括：茶园生产管理制度，茶树种植技术规程，茶园农药和肥料管理制度，鲜叶采收和茶叶批次批号管理制度，茶叶加工车间管理制度，茶叶加工技术操作规程，茶叶检验室管理制度，产品出厂检验和记录制度，茶叶库房管理制度，不合格产品管理制度，不安全食品召回制度，员工健康管理制度等。

作业指导书是作业指导者对作业者进行标准作业的正确指导的基准，是随着作业的顺序，对符合每个生产线的生产数量的每个人的作业内容及安全、品质的要点进行明示。如果作业者按照指导书进行作业，一定能确实、快速、安全地完成相关作业。所以作业指导书一定要根据本组织的实际情况来制订。

第三节　茶叶产品质量追溯体系

茶叶产品的质量追溯体系是指从茶树种植、用药、用肥、收获、运输、储藏、加工、检验、销售到消费者茶杯的全程可监管、查询过程。通过输入茶叶产品的基本信息（如追溯码、生产批号等）可以查询到茶叶产品的种植作业、原料运输、基地及产品加工、成品运输等各环节的所有信息。简言之，指一个产品从哪里来、流到哪里去的全过程。对生产经营者来说，通过追溯，实现由下至上的信息追溯，使茶叶产品生产流通的每个环节的责任主体可以明确界定。

一、质量追溯管理体系

开展产品追溯的茶叶生产企业、组织或机构应制定产品质量追溯的管理体系文件，并组织实施。质量追溯管理体系由质量追溯工作规范、追溯产品质量控制方案、产品质量追溯信息系统运行制度和追溯产品质量安全应急预案四部分组成。

（一）产品质量追溯工作规范

产品质量追溯工作规范是企业科学、持续、有效开展“质量追溯工作”的一项最基本的制度性管理文件，对追溯工作总体以及其他各类相关管理文件、技术文件等具有规范、指导、协调、约束等方面的功能作用。

工作规范的结构一般包括总则、组织机构与职责、工作的开展、绩效考核、附则等部分。

1.总则

明确制定规范的目的、依据、管理原则与方式、适用范围等。

2.组织机构与职责

设定追溯工作的组织体系，明确追溯工作各相关机构、岗位的职责定位。

3.工作规范编写要点

包括设定质量追溯工作制度的基本体系结构，以及相应的编制、审批、发布、实施、复审的原则与程序；规定追溯工作计划的编制管理、追溯系统建设与完善的管理、追溯系统的运行与维护管理、追溯相关人员培训管理、追溯产品与追溯理念宣传管理、追溯专用标签的管理、应急处置管理等要求。

4.建立绩效考核要求

规定质量追溯各相关环节工作绩效考核管理要求，包括检查主体（责任者自查、或责任者及其直接关联者以外第三方的监督检查）、检查周期（定期或不定期）、检查目标与评价依据（相关制度或工作计划）、改进落实及跟踪督查、奖惩措施及相应的责任主体等。

5.附则

明确规范的实施起始期、授权解释主体、法律法规遵从性声明、本项制度在企业管理体系中的地位作用以及遵从原则与协调责任主体等。

（二）追溯产品质量控制方案

质量控制方案一般包括编制依据、适用范围、组织机构与职责、关键控制点的设置、控制目标（临界值）和检验方法的确定、控制（预防）措施、纠偏措施、实施效果检查。

1.编制依据

我国农产品质量安全有关法律法规、政府公告文件、产品标准和国家食品安全标准。编制的法律依据主要有《食品安全法》、《食品安全法实施条例》、《农产品质量安全法》。

2.适用范围

本方案适用于本企业质量安全追溯×××（产品名称）生产的质量安全控制。

3.组织机构与职责

规定组织各层次成员职务和职责，分工不重复，不遗漏。包括决策层、管理层、执行层。

4.设置关键控制点

包括定义关键控制点（CCP）、制作生产流程图、控制茶叶产品安全的主要污染物、关键控制点（CCP）设置和危害分析（HA）、确定关键控制点设置原则、确定关键控制点设置条件，以及关键控制点设置的注意事项。

5.确定控制目标（临界值）和检验方法

（1）确定监控项目（参数）。

（2）确定监控项目（参数）的限量值和监测方法。

（3）建立原料和产品监测制度。确定原料验收和产品出厂检验项目（参数）和建立每批次检验制度，确定原料验收和产品型式检验项目（参数）和确立在何种情况下需要型式检验，以及一年做几次型式检验。

6.控制（预防）措施

（1）组织制度措施

建全相关质量控制组织机构；建立完善的工作责任制度和职责，使其分工明确又互相协作；加强制度和业务技术培训，做到应知应会。

（2）技术工艺措施

制定《生产操作规程》作业指导书，规定禁用投入品的控制措施，规定允许使用投入品的控制措施，包括规定允许使用投入品的有效成分、配制方法、使用方法、安全间隔期（休药期）、用途和注意事项等。

制定产地环境保护措施，制定生产基地防止污染水源、耕地等环境保护措施，如农药包装物、灌溉水、农药和肥料使用管理等。

建立监督检查制度，针对控制措施，进行监督检查。如农药、兽药等投入品的采购、领用、使用和安全间隔期（休药期）等规定的监督检查。

建立产品监测制度，对原料或产品进行抽样监测，将监测结果与临界限量值指标进行比较，从而判定它是否得到完全控制。

7.纠偏措施

（1）修订控制制度。是否需增加缺失的控制措施，如茶叶检验发现铜超标问题，在制度中增加投入品的控制措施。

（2）改进工艺控制条件，将工艺条件改进到保证质量的程度。

（3）当关键限量值发生偏离时的处理措施。是否调整临界值，如干茶水分过高发生造成霉变，调整干茶水分控制指标值。

8.实施效果检查

核查上述纠偏的效果。达不到预期效果的，则重复质量控制的七项步骤，修改完善质控方案，直至满意为止。

（1）质控体系和记录的复查。对各关键控制点的质量安全监控记录及纠偏记录的进行复查。

（2）偏离和产品处理的复查。临界值偏离处理的复查；对不合格产品处理是否合理的复查，通过生产工艺参数调整可达标的，可作为追溯产品，否则，销毁处理，如：农药残超标或霉变的。

（3）对关键控制点（CCP）的控制项目进行复查抽样检验。复查选用产品标准和方法标准是否准确，是否过期变更；复查采样密度和采样规范性是否符合要求；复查抽样检验结果与原交收检验或型式检验结果进行比对。

通过以上纠偏措施和实施效果检查，不断调整、实践、再调整，这个过程是质量控制方案可行性实施过程，最终建立一套适合本企业有效的质量控制方案。

（三）产品质量追溯信息系统运行制度

产品质量追溯信息系统就是要运用信息化手段对农产品质量安全实行可追溯管理。追溯系统要求各个环节有效衔接。追溯系统信息要求各个岗位均要参与，采集生产过程任何一个环节的基本信息，包括生产一线的职工承担纸质记录、电子信息等。同时要配备追溯软件操作、关键设备操作、软硬件系统维护等工作操作人员。同时为了确保追溯信息系统顺畅运行，需要企业要依据信息管理办法，建立相应的管理制度，保障各个环节、各个岗位人员到位、认识到位、能力到位、操作到位。

信息系统运行和维护管理制度要条理清晰、内容务实、衔接紧密、要求明确。方便操作人员便捷找到所需内容，掌握本单位追溯系统运行特点，把生产档案与信息系统紧密结合起，同时，关键点要尽可能提出量化要求。

（四）追溯产品质量安全应急预案

《产品质量安全事件应急预案》是规范企业及时、有序、科学、有效地处理好质量安全事件的制度性管理文件，其主体功能是建立健全企业的质量安全事件应急机制。《应急预案》是文件化的应急机制，它源于实践、高于实践、指导实践；“应急处置（演练）”则是应急机制的实践版，它验证“预案”、丰富“预案”、完善“预案”。

《应急预案》的结构一般包括总则、应急体系、应急程序、后续处理、应急演练、附则等部分。

二、生产基地编码和信息记录体系

（一）种植地块和种植者编码

生产、管理相对统一的种植户、种植组统称为种植者，应对种植地块和种植者进行编码，并建立种植地块和种植者编码档案。种植地块和种植者编码档案一般包括以下信息：姓名（户名或组名）、种植区域、种植面积、种植品种、产地环境。如：

种植单元编码信息表

种植单元编码	基地名称	种植面积	负责人	备注
01	**基地			
0101	**地块			
0102	**地块			

02	**基地			
0201	**地块			
0202	**地块			

（二）茶园农事管理记录

生产、管理相对统一的种植地块，应建立种植地块茶园日常管理活动档案。茶园管理档案一般包括以下信息：姓名（户名或组名）、作业区域、作业面积、作业时间、作业名称（清园、锄草、耕作、修剪等）、作业内容（采取的方式方法）。如：

《茶园管理记录》信息采集表

基地名称：**基地　　面积：**亩　　管理人：***

种植单元编码	作业名称	作业时间	作业内容	责任人	备注

1.茶园施肥记录

肥料施用的要素信息记录内容：名称、来源（供应商、生产许可证号或批准文件号、登记证号、产品批号或生产日期）、腐熟方式（农家肥）或产品标准（商品肥）、施用作物、施用量、施用方式。如：

《茶园施肥记录》信息采集表

基地名称：**基地　　面积：**亩　　管理人：***

种植单元编码	施肥日期	施肥面积（亩）	肥料编码	肥料商用名称	实际用量（公斤/亩）	肥料供应商	责任人	备注

2.茶园病虫草害防治记录

农药施用要素信息记录内容：名称、来源（供应商、生产许可证号或批准文件号、登记证号或临时登记证号、产品批号或生产日期）、产品标准、施用作物或防治对象、有效成分含量、剂型、施用方式、施用量、安全间隔期、其他（如自行复配方式）。如：

《茶园施药记录》信息采集表

基地名称：**基地　　面积：**亩　　管理人：***

种植单元编码	施药日期	施药面积（亩）	农药编码	农药商用名称	实际用量（克/亩）	责任人	备注

（三）生产与销售过程记录

1.鲜叶采收记录

生产、管理相对统一的采摘户、采摘组统称为采摘者，应对采摘者进行编码，并建立编码档案。采摘者编码档案一般包括以下信息：采摘者姓名（户名或组名）、采摘数量、采摘区域、采摘面积、采摘品种、采摘质量。如：

《鲜叶采摘记录》信息采集表

基地名称：**基地　　面积：**亩　　管理人：***

种植单元编码	采摘日期	采摘方法	鲜叶量（公斤）	采摘负责人	鲜叶验收人	备注

2.茶叶加工记录

茶叶加工信息一般包括：产品类别、加工工艺、日期、批次、设施、产量、质量、人员等。如：

《茶叶加工记录》信息采集表

加工日期	基地编码	鲜叶数量（公斤）	加工批次号	品名	加工数量（公斤）	茶叶等级	负责人	备注

3.茶叶包装记录

茶叶包装信息一般包括：日期、品名、规格、批次、数量、人员等，并产生追溯码。如：

《茶叶包装记录》信息采集表

包装日期	产品等级	批次号	包装规格	数量（公斤）	责任人	备注

4.茶叶储藏记录

茶叶储藏信息一般包括：库号、日期、设施、环境条件、品名等级、数量、追溯码、保管员等。如：

《成品入库记录》信息采集表

入库时间	产品等级	批次号/追溯码	数量（公斤）	责任人	备注

5.茶叶检验记录

茶叶产品检验信息一般包括：产品来源、检测日期、检测机构、检测项目、检验结果等。

6.茶叶销售记录

茶叶产品销售信息一般包括：产品名称、经销商、日期、数量、追溯码等。如：

《产品销售记录》信息采集表

追溯码	销售日期	客户名称	产品名称	数量（件）	备注

第七章

茶叶市场营销

第一节 茶叶市场营销的涵义与作用

一、茶叶市场营销的涵义

在市场经济条件下，市场是一切经济活动的集中体现。从生产企业到消费者个人，无不与市场有着千丝万缕的联系。市场是所有企业从事生产经营活动的出发点和归宿，是不同国家、地区、行业的生产者相互联系和竞争的载体。

市场营销是指在创造、沟通、传播和交换产品中，为顾客、客户、合作伙伴以及整个社会带来价值的一系列活动、过程和体系。

茶叶市场营销简称茶叶营销学，是指茶叶经营者创造、沟通、传播和交换茶叶产品过程中，为茶叶产业链中的顾客、客户、合作伙伴以及整个社会带来价值的一系列的管理过程。

二、茶叶市场营销的作用

（一）社会作用

茶叶市场营销是涉及茶叶产业链中各个经济主体的经济活动。通过茶叶市场营销活动要实现以下社会作用：

1.茶叶产品的地点效用。即沟通茶叶产销两地，使茶叶消费者能在适当的地方买到适合的茶叶产品。

2.茶叶产品的时间效用。即沟通茶叶生产者与消费者时间上的差异，使新产品能尽快被消费者认知，使消费者及时买到适当的产品。

3.茶叶产品的占有效用。即茶叶市场营销使商品从所有者手中过渡到消费者手中。

4.茶叶产品的形式效用。即制造商通过销售商提供的地点效用、时间效用和占有效用等市场信息，了解消费者对产品的功能及外形等需求，按照需求生产适销对路的产品。

市场营销的社会作用说明，茶叶市场营销是联结社会需要与茶叶企业反应的中间环节，是茶叶企业用以把消费者需要的市场机会变成企业赢利机会的基本方法。但是，茶叶企业发挥市场营销的作用如何，与企业自主权和经济责任大小密切相关，也同生产与营销的体制的紧密程度密切相关。

（二）市场营销在茶叶企业管理中的作用

在现代茶叶企业管理中，营销职能是属于核心位置的管理职能。这是因为：第一，茶叶企业经营的主要任务是吸引、保持和扩大顾客。市场营销的基本任务就是在动态的管理过程中（市场调查—市场定位—生产—销售—目标顾客），以优质的茶叶产品、合理的价格、全方位的服务，实现顾客满意的利益和需求。第二，茶叶企业管理是一个复杂的系统工程。实现顾客需求的高度满意，必须有职能部门的通力合作和协调配合，然而这种配合协作应以营销管理为中心，脱离营销宗旨和任务的生产管理、财务管理和人力资源管理，无论其管理效益多高，也没有实际意义。第三，茶叶企业经营管理的基本任务是认识和研究目标市场的顾客需求，在此基础上将企业各种资源优化组合，提供能充分满足顾客欲望和需求的产品或服务。市场营销正是实现市场需求与企业经营有效连接的基本功能。与其相比，生产管理、人力资源管理均属于辅助职能，必须围绕着提高市场管理能力提供辅助功能。第四，茶叶市场营销管理实质上是顾客需求管理，是企业由内至外、内外结合的管理。企业能否赢得顾客，是衡量茶叶企业绩效和竞争地位的首要标准，失去了顾客便失去了企业的生命力。与营销管理相对而言，生产管理、财务管理、人事管理均属于企业内部各种要素的职能管理，它们必须服务于营销管理这个中心，否则，便失去其管理的实际意义。

第二节　茶叶市场营销环境分析

一、市场营销环境的涵义

所谓市场营销环境，是指与茶叶企业营销活动有关的所有力量和影响因素的集合。营销环境是茶叶企业营销活动的约束力量，其影响主要表现在两个方面：一是为茶叶企业营销提供机会，二是对茶叶企业营销造成障碍和威胁。因此，茶叶企业应通过对营销环境深入持续的分析，自觉地识别和利用市场机会，规避环境威胁，充分发挥自身的优势，克服劣势，制定正确的营销决策，以实现营销目标。

二、市场营销环境的基本特点

市场营销环境的基本特点表现在多样性和复杂性、动态性和多变性、不可控性和可影响性三个方面。

多样性和复杂性：营销环境的构成要素多，涉及范围广，各种环境因素之间相互影响，并且经常存在着矛盾关系。

动态性和多变性：随着社会经济和技术的发展，营销环境始终处于一个不稳定的状态中，不断地发展着变化着。尽管各种环境因素变化的速度和程度不同，如市场竞争状态的变化可能瞬息万变，而社会环境的变化一般较慢，但变化是绝对的，而且从总体上说营销环境的变化速度正在呈现出加快的趋势。

不可控性和可影响性：一般说来，宏观营销环境是企业无法控制的，因为企业不能改变人口因素、政治经济制度、社会文化因素等。因此，企业应该努力去适应营销环境的要求以求得生存与发展。企业可以通过改善自身的条件、调整经营策略，对营销环境施加一定的影响，积极促使某些营销环境朝着有利于企业营销的方向转化。比如，随着人们健康意识的逐步加强，人们对于饮用绿茶有了全新的认识，饮茶在中国具有最为悠久的历史传统和深远文化。在社会人群构成步入老年化的当今中国社会，健康、环保的产品正日益受到消费者的欢迎，庞大的当地市场也为企业茶产品的营销提供了良好的机会。但是2013年中央八项规定出台后，“三公”消费受到限制，高端茶叶的销量随之下跌，国内礼品茶市场正在逐步萎缩。

三、市场营销环境构成要素

企业的市场营销环境可以划分为微观环境和宏观环境两大方面：

（一）市场营销微观环境

微观环境包括：企业、供应者、销售中介、顾客、竞争者和公众。

1.企业本身

良好的企业内部环境是企业营销工作得以顺利开展的重要条件。茶叶企业的市场营销部门不是孤立的，它面对着企业的许多其他职能部门，如高层管理者（董事会、总裁等）、财务、研究与开发、采购、制造和会计等部门。营销部门在制定和实施营销计划时，必须考虑其他部门的意见，处理好同其他部门的关系。

2.供应者

供应者是指向企业提供生产产品所需要资源的企业或个人。包括提供茶叶原材料、设备、能源、劳务、资金等。一家精制茶厂的供货包括提供毛茶原料的初制茶厂、提供精制设备的茶叶机械制造厂商和提供能源的电力公司等。这些力量对企业的营销影响是很大的，所提供的资源质量、价格和供应量，直接影响着企业产品的质量、价格和销售利润。

3.营销中介

营销中介是指企业把产品送到最终购买者手中给予帮助的有关机构。包括营销实体分配机构（批发零售环节）、营销服务机构（广告公司、广告媒介及营销咨询公司等）和金融中介（银行、保险公司等）。这些都是市场营销中不可缺少的中间环节。茶叶行业属于生产集中和消费者分散的行业，各茶叶企业的营销活动需要营销中介来保证顺利进行。企业在产品营销过程中，必须处理好同行业内外部各种营销中介机构的关系。

4.顾客（消费者）

消费者是产品的最终购买者。满足消费者需求是茶叶营销工作最基本的出发点，不断提高产品在消费者中的信誉度和影响力，是茶叶企业改善微观营销环境的重要途径。就茶叶产品来讲，绝大多数的消费者都不具备鉴别茶叶优劣的专业知识，茶叶营销者必须加强对茶叶产品知识的介绍和宣传，尽量减少消费者的搜寻成本，以增加消费者的重复购买率和对茶叶企业产品的认同度。

5.竞争者

企业微观环境中的第五种力量是企业面对着的一系列竞争者。每个企业的产品在市场上都存在数量不等的业内产品竞争者。企业的营销活动时刻处于业内竞争者的干扰和影响的环境之下。因此，任何企业在市场竞争中，主要是研究如何加强对竞争对手的辨认与抗争，采取适当而高明的战略与策略谋取胜利，以不断巩固和扩大市场。

各个企业的产品在市场上大致从四个层面上开展市场争夺：

（1）品牌竞争。这是最直接而明显的竞争者。产品的档次和价位基本相同，只是生产厂家不同，如“八马”“吴裕泰”“龙井”“天福”等都属于高档茶叶品牌，消费者选购上却存在品牌偏好。各生产厂家和营销单位通过在消费者中培植品牌偏好展开竞争。

（2）品种竞争。产品功能基本相同，但规格或档次不同，其产品结构组合的状态也影响营销水平。比如企业的赢利是主要靠“薄利多销”的产品结构，还是靠“厚利少销”的结构，是企业竞争中需要作的文章。

（3）品类竞争。产品的门类不同，但所满足的消费需要基本相同，如乌龙茶、绿茶、红茶等的功效不同，消费者会在其中做出选择。目前茶叶产品中乌龙茶（减肥美容，降低胆固醇）、绿茶（皮肤美白，改善贫血）、红茶（消脂）的功能作用普遍为消费者所接受，随着各种花茶同类功效的产品的出现，茶叶产品将形成较大范围的品类竞争。

（4）潜在需求竞争者。潜伏层最深的竞争者往往应看作是最具市场发展前景的产品种类。目前中国茶叶市场上占绝对优势的是绿茶，但它并不意味着这是“日不落”的产品种类。随着中国加入WTO（世界贸易组织），国外茶叶扩大对中国市场的投放，难说不会出现如“立顿”那样逐步改变中国人消费习惯的局面。对中国茶叶市场而言，“袋装茶”逐步扩大市场占有的趋势就是业内最重要的市场“潜在竞争者”。

6.公众

企业的营销环境还包括各种公众。公众是指对一个组织实现其目标的能力，具有实际或潜在利害关系和影响力的一切团体和个人。企业所面临的公众包括以下七类：

（1）融资公众。指关心并可能影响企业获得资金的能力的团体，如银行、投资公司、证券交易所和保险公司等。

（2）媒体公众。主要是指报社、杂志社、广播电台和电视台等大众传播媒体。这些组织对企业的声誉具有举足轻重的作用。

（3）政府公众。指有关的政府部门。营销管理者在制订营销计划时必须充分考虑政府的政策。茶叶企业必须向律师咨询有关产品安全卫生、广告真实性等方面可能出现的问题，以便同有关政府部门搞好关系。

（4）社团公众。指消费者组织、环境保护组织及其他群众团体。60年代以来国际上日益盛行的消费者保护运动，是不可忽视的力量。

（5）社区公众。指企业所在地附近的居民和社区组织。企业在它的营销活动中，要避免与周围公众利益发生冲突，应指派专人负责处理这方面的问题，同时还应注意对公益事业作出贡献。

（6）一般公众。指社会上的一般公众。企业需要了解一般公众对它的产品和活动的态度。企业形象，即在一般公众心目中的形象的好坏，对企业的经营和发展有重要意义，要力争在一般公众心目中建立良好的企业形象。

（7）内部公众。指企业内部的公众，包括董事会、经理、员工等。大企业通常发行内部通讯，对员工起沟通和激励作用，以加强内部交流，提高工作效率。内部公众的态度还会影响企业与外部公众的关系。

（二）市场营销宏观环境

宏观营销环境由能够对微观环境产生重要影响的几大社会力量形成，反映一个国家和社会发展变化状况。包括人口、政治法律、文化、经济、技术等环境。

1.人口环境

市场是由那些想买东西并且有购买能力的人构成，人越多，市场规模就越大。因此，人口的多少直接决定市场的潜在容量，而且人口的年龄结构、地理分布、婚姻状况、出生率、死亡率、人口密度、流动性、文化教育等人口特性，又会对市场需求格局发生深刻影响。老年人会有不同于年轻人的消费需求。同样，男性与女性、南方与北方、不同文化、不同民族、不同职业的人，在消费需求结构、消费习惯与方式上，都会有明显的差异。茶叶产品的营销也应适应人口环境的变化状况。在茶文化底蕴如此深厚的中国，随着我国人均收入的增长和人们对生活质量要求的提高，茶叶消费市场存在很大的增长空间。

2.政治法律环境

政治环境是国内与国际的政治环境。在国内主要指党和政府的路线、方针、政策的制定和调整。国际政治是指两国关系、和平环境等。法律环境则包括国际和本国主管部门及各地区颁布的各项法规、法令、条例等。如欧盟和日本的对茶叶的绿色贸易壁垒政策对我国茶叶出口影响较大。

3.社会文化环境

社会文化主要是指一个国家、地区或民族的传统文化，如风俗习惯、伦理道德观念、价值观念等。我们主要分析教育水平、价值观念、风俗习惯和茶文化。

（1）教育水平

教育水平的高低直接影响人们的消费行为和消费结构。企业所在地区的教育水平也在一定程度上制约着企业的营销活动。一般来说，受教育水平高的消费者对产品的内在质量、外观形象，以及服务有着较高的要求。而教育水平低的消费者往往要求更多的实物样品和通俗易懂的产品介绍。教育水平较低的人群，购买产品的理性程度相对低，对新产品的接受能力比较弱。而教育水平较高的地区正好相反。

（2）价值观念

不同的社会文化背景下，人们的价值观念相差很大。消费者对商品的需求和购买行为深受价值观念的影响。对于不同价值观念的消费者，营销人员应采取不同的策略。一种新产品的消费，会引起消费观念上某种程度的变革。对于乐于变革，喜欢猎奇，比较激进的消费者，应重点强调产品的新颖和奇特；而对于那些注重传统，喜欢沿袭传统消费方式的消费者，企业在制定促销策略时则应把产品同目标市场的文化传统联系起来。

（3）风俗习惯

风俗习惯是人类各种习俗中重要的习俗之一，是人们历代传递下来的一种消费方式，也可以说是人们在长期的经济与社会活动中所形成的一种消费风俗习惯，它表现出独特的心理特征、道德伦理、行为方式和生活习惯。如我国南方人喜欢喝绿茶，北方人爱好喝花茶，福建、广东一带饮的乌龙茶，西南一带喝普洱茶等。

（4）茶文化

中国的茶文化可谓源远流长，其不仅带动了人们对茶的消费，更成为我国文化的重要组成部分。

因此，茶叶营销必须为产品量身定做“文化营销”策略。茶文化营销必须先有定位顾客，然后再有文化。而不能倒过来，先入为主地去空谈文化，依靠所谓的虚无缥缈的文化去创造顾客。一些历史名茶要打造品牌，可以一部分依赖名茶的历史背景，但更重要的是要宣传历史名茶背后的品类，它的产品特质，而不是过早地把重点放在去谈那些虚无缥缈的文化。“茶文化”是为了“茶产品”的销售，而不是以牺牲销售来徒劳地证明自己的品牌（企业）有文化！现在茶叶市场上，产品包装、命名动辄贡茶、御茶，动辄龙啊凤的，丝毫不考虑产品的诉求点，不考虑市场的需求，其实质是一种“假文化营销”。茶业营销的文化策略必须简洁有效，不能太过生僻、佶屈聱牙。我们都知道，卖茶卖得最好的立顿，它的广告宣传词就是“从茶园直接进入茶壶的好茶”（Direct from tea garden to the tea pot）。语言简练、平淡无奇，却沁人心脾，直击消费者的内心，就像用大锤照着消费者的心上“咣”来那么一锤子，让人怦然心动。我们还必须从产品策略、渠道策略、价格策略与促销策略四个策略系统来制定文化目标，并要从整体上把握各个策略的配套组合、相互之间的衔接运作。即，将现代市场营销的营销理念、技术和手段方法有效地运用到文化营销策略之中。

4.经济环境

近年来随着人们对生活质量要求的不断提高，对绿色和健康食品的消费也呈现不断增长的趋势，茶作为一种健康的绿色消费品也越来越受人们的青睐。中国社科院财经与贸易研究所2010年第六和第七次公布的中国茶叶市场景气指数分别为106.27和105.11，均在100以上，说明中国茶叶市场仍然具有相当的活力。

5.技术环境

技术的创新和应用能给企业带来无限的市场机遇，因此技术进步是企业发展的重要源泉。而目前我国茶叶生产企业恰恰是忽略了技术的创新和应用，仍然沿用传统的生产工艺。然而市场的需求证明，人们对茶叶消费理念的改变要求新的产品生产技术为支撑，茶叶的深加工技术已成为企业进一步发展的重要因素。

随着现代物流产业、网络市场的不断发展壮大，我国的茶叶流通现状已经不能满足广大消费者的需求。同时，网民数量越来越大，电子商务比重越来越高，茶叶品牌必须精通网络营销，想方设法展开网络营销，快速占领网络制高点，快速提高品牌影响力，快速将“茶叶”送到消费者的“茶杯”。

第三节　茶叶消费行为分析

一、影响消费者购买茶叶行为的主要因素

影响消费者购买行为的因素有很多，主要的有个人因素、社会因素、文化因素和心理因素。它们影响消费者购买的直接性不同，其识别性也不同。

（一）个人因素

个人因素是消费者购买决策过程最直接的影响因素。消费者购买决策受其个人特性的影响，特别是受其年龄所处的生命周期阶段、性别、职业、经济状况、生活方式、个性以及自我观念的影响。

1.生命周期阶段

年龄不同的消费者，需要与欲望是有很大不同的，即使相同，其需求量也有很大的差别。例如，中老年饮茶者日饮茶量远远大于年轻饮茶者。家庭也有生命周期阶段，不同阶段也影响着消费。

2.性别

由于心理、生理和社会地位的差异，不同性别的消费者对茶叶产品的品种、情趣、购买习惯等会有所差异。如年轻女性偏好清淡的绿茶、减肥茶、美容茶，年轻男性则喜欢喝刺激性较强的茶。

3.职业

职业对消费的影响往往是显而易见的。白领阶层有条件品饮茶叶，对茶叶的品质有一定的要求，如有的消费者将饮茶作为一种高雅艺术进行品尝；蓝领阶层上班时间，往往不具备品茶的条件，对茶叶的品质没有过高的要求。

4.经济状况

经济状况包括收入、储蓄、资产、债务、借贷能力以及对待消费与储蓄的态度等。消费者的经济状况既与个人能力有关，也与整个经济形势有关。收入高消费者的选择价格较高的茶叶，收入低的消费者则选择低价茶叶。

5.生活方式

如南方许多茶区，农村老人都有喝茶聊天的生活方式。

（二）社会因素

消费者购买行为也受到诸如参照群体、家庭、社会角色与地位等一系列社会因素的影响。在中国，消费者购买茶叶受参照群体影响很大。

1.参照群体

参照群体是指那些直接或间接影响他人的看法和行为的群体。如家庭成员、亲戚朋友、同事、邻居、宗教组织、职业协会等。

2.家庭

家庭是消费者最主要的参照群体。一个人一般要经历两个家庭，一个是父母的家庭，一个是自己的家庭。受父母家庭的影响是间接的，受自己家庭的影响是直接的。

3.社会角色与地位

每个人都担当着不同的社会角色，并有其相应的地位。每一个角色及其相应的地位都不同程度地影响其购买行为。一个人在单位可能喝低价茶，回家后可能因为接待客人朋友喝高价茶。

（三）文化因素

文化因素对消费者行为的影响最难以识别，又是最广泛、最深远的。社会阶层是重要的文化因素之一，社会阶层是指社会中按等级排列的具有相对同质性和持久性的群体，每一阶层的成员具有类似的价值观、兴趣爱好和行为方式。市场营销者可以通过对社会阶层的识别来进行市场细分，从中选择目标市场，并进行恰当的市场营销策略安排。

（四）心理因素

心理因素指的是动机、知觉、学习及信念和态度等，它们对消费者购买行为都有较大影响。

1.动机

动机是引起人们为满足某种需要而采取行动的驱动力量。动机产生于未满足的某种需要，这时心理上就会产生一种紧张感，驱使人们采取某种行动以消除这种紧张感。举例来说，为促进茶叶销售，我们实行“买一盒茶，送一个茶杯”的促销活动，消费者开始对得到一个茶杯感到满意，受到激励后可能再次购买该产品，当促销活动结束后，购买该产品不再赠送茶杯，消费者虽然“没有不满意”，但他再次购买的欲望可能大打折扣。

2.知觉

人通过视、听、嗅、味、触五种感官对刺激物的反应是感觉。如将产品的价格定价为98元，而不是100元，就是利用知觉理解性的一种定价技巧。

3.学习

学习是指由于经验而引起的个人行为的改变。一个人的学习是通过驱使力、刺激物、诱因、反应和强化的相互影响而产生的。第一次消费某品牌的茶叶觉得好，下次就还会消费。反之第一次消费某品牌的茶叶觉得不好，下次就不会消费了。正强化或负强化激励人们重复某种行为或避免某种行为。

4.信念与态度

信念与态度是同价值观念紧密相关的概念。信念是指一个人对某些事物所特有的描述性思想。态度是指一个人对某些事物或观念长期持有的好与坏在认识上的评价、情感上的感受和行动倾向。在经济落后的农村地区，消费者对茶叶最看重的是价格，只有价格低廉的茶叶才能受到欢迎；而对于有机茶叶，“环保”就是在人们对茶叶的一般信念基础上又新增的信念。

二、消费者购买决策过程

市场营销者在分析了影响购买者行为的主要因素后，还需了解消费者如何真正做出购买决策，即了解谁做出购买决策，购买决策的类型以及购买过程的具体步骤。

（一）参与购买的角色

人们在购买决策过程中可能扮演不同的角色，包括：

1.发起者。首先提出或有意想购买某一产品或服务的人。

2.影响者。其看法或建议对最终决策具有一定影响的人。

3.决策者。对是否买、为何买、如何买、何处买等方面的购买决策做出完全或部分最后决定的人。

4.购买者。实际采购人。

5.使用者。实际消费或使用产品和服务的人。

（二）购买行为类型

消费者购买决策随其购买决策类型的不同而变化。较为复杂和花钱多的决策往往凝结着购买者的反复权衡和众多人的参与决策。根据参与者的介入程度和品牌间的差异程度，可将消费者购买行为分为四种：

1.习惯性购买行为

对于价格低廉、经常购买、品牌差异小的产品，消费者不需要花时间进行选择，也不需要经过收集信息、评价产品特点等复杂，因而，其购买行为最简单。这类购买者对茶类产品的产地、品质特点、品牌等都很熟悉，或者是偏爱某一种品牌、商标的茶叶，形成了长期饮用的习惯。

2.寻求多样化购买行为

有些产品品牌差异明显，但消费者并不愿花费长时间来选择和估价，而是不断变换所购产品的品牌。这样做并不是因为对产品不满意，而是为了寻求多样化。针对这种购买行为类型，市场营销者可采用销售促进和占据有利货架位置等办法，保障供应，鼓励消费者购买。

3.化解不协调购买行为

有些产品品牌差异不大，消费者不经常购买，而购买时又有一定的风险，所以，消费者一般要比较、看货，只要价格公道、购买方便、机会合适，消费者就会决定购买。购买以后，消费者也许会感到有些不协调或不够满意，在使用过程中，会了解更多情况，并寻求种种理由来减轻、化解这种不协调，以证明自己的购买决定是正确的。经过由不协调到协调的过程，消费者会有一定的心理变化。这类购买者不仅有饮茶习惯，而且对某品牌情有独钟，不轻易相信别人的品牌介入。

针对这种购买行为类型，市场营销者应注意运用价格策略和人员推销策略，选择最佳销售地点，并向消费者提供有关产品评价的信息，使其在购买后相信自己做了正确的决定。

4.复杂购买行为

当消费者购买一件高价的、不常买的、有风险的而且又非常有意义的产品时，由于产品品牌差异大，消费者对产品缺乏了解，因而需要有一个学习过程，广泛了解产品性能、特点，从而对产品产生某种看法，最后决定购买。对于这种复杂购买行为，市场营销者应采取有效措施帮助消费者了解产品性能及其相对重要性，并介绍产品优势及其给购买者带来的利益，从而影响购买者的最终选择。

（三）消费者购买决策过程分析

消费者购买决策过程一般由五个阶段构成。

1.确认需要

购买者的需要往往由两种刺激引起，即内部刺激和外部刺激。当口渴时，就会产生找水解渴的动机。碰到这种情形，消费者都会在头脑中对需要和与欲望加以清理、确认，以决定是否采取和如何采取行动。针对这个阶段，市场营销者所能做的就是如何加强对消费者的刺激，以激起消费者购买的动机和欲望。

2.收集信息

一般来讲，引起的需要不是马上就能满足的，消费者需要寻找某些信息。消费者信息来源主要有：个人来源（家庭、朋友、邻居、熟人），商业来源（广告、推销员、经销商、包装、展览会与展示），公共来源（大众媒体、消费者评比机构）和经验来源（处理、检查和使用产品）等。针对这个阶段，企业营销的关键是要能掌握消费者在收集信息时会求助于哪些信息源，并能通过这些信息源向消费者施加影响力。

3.备选产品评估

在评估过程中，消费者常常要考虑多种因素。因此，企业如果能够搞清楚消费者评估诸因素的不同重要性，通过营销手段强化消费者看重的因素，弱化次要因素和消极因素，就可能更多地取得消费者的青睐。

4.决定购买

在购买意图和决定购买之间，有两种因素会起作用，一是他人的态度，二是意外情况。例如，消费者正准备买菊花茶时，其朋友会说，他最近上火，正在喝，但效果不太明显，消费者可能就不购买了。市场营销人员必须了解引起消费者有风险感的那些因素，进而采取措施来减少消费者的可觉察风险。

5.购后行为

消费者购买以后，可能获得满足，这将鼓励他今后重复购买或向别人推荐该产品。如果不满意，则会尽量减少不和谐感，因为人的机制存在着一种在自己的意见、知识、和价值观之间建立协调性、一致性或和谐性的驱使力。具有不和谐感的消费者可以通过放弃不用、退货、诉诸法律、四处抱怨等做法来发泄心中的不满，减少不和谐感。市场营销人员应采取有效措施尽量减少购买者买后不满意程度。

第四节　茶叶市场营销战略

一、市场营销战略的定义

市场营销战略是企业用以实现其市场营销目标的基本方法，是企业可以遵循的营销活动的总纲领，它是整个企业战略的一个有机组成部分，它必须能预见到企业的优势、劣势、实施战略的可能性和风险性。其主要特征有长期性、整合性、灵活性和统一性。

二、制定市场营销战略

（一）分析市场营销环境

首先是分析企业所处环境的情况，如政治、经济、文化等方面，这在企业准备进入国际市场时显得尤为重要。如果想将茶叶出口到海外市场，就必须先要了解该国对茶叶产品的政策，如关税水平、配额数量、该国消费水平和消费习惯、对茶叶制品的特殊规定及主要的竞争对手情况。只有深入了解了企业所处的环境，企业才能做出正确的战略选择。比如国际上大多数消费者喜欢喝红茶，而中国消费者大多数消费的却是绿茶，企业要出口茶叶，就必须根据进口所在国消费者的消费习惯供应相应的红茶。

（二）评估企业的机会与障碍

企业必须寻找特定的市场营销机会，来指导营销战略的制定。在市场营销战略制定过程中，评估企业机会和障碍会涉及对企业情况的分析，包括企业的经济状况、消费者情况和其他外部环境因素。首先，我们要根据企业市场营销能力来检查企业的优势和劣势，同时，对过去的企业经营成果以及市场营销的优势、劣势进行评价。其次，要进行销售和管理的成本研究。最后，预测企业的销量。通过分析，企业才会发现所希望的竞争优势、革新技术和获得新市场的机会以及可能遇到的障碍。

（三）瞄准目标市场

所谓目标市场，是指企业进行市场细分之后，拟选定进入并为之服务的子市场。企业通过将整个市场划分为若干个子市场，并对各子市场的需求差异加以区分，选择其中一个或几个子市场作为目标市场，开发适销对路的产品，开发相应的市场营销组合，以满足目标市场的需要。

企业在选择目标市场的过程中会受到一些因素的影响，这些因素包括：消费者的经济水平、生活方式等。例如，老年消费者与青年消费者相比，他们对茶叶的口味、价格、包装有着不同的要求，也就形成了不同的细分市场，而且每一个细分市场对企业的市场营销反应是不同的，所以对所有的细分市场不能总是用同一种市场营销方法，每一个重要的细分市场都应制定特定的市场营销战略，因此，确定哪些市场可以细分对制定企业计划是非常重要的。

（四）确定资源的分配水平

在选择目标市场和产品项目时，必须考虑有限的资源分配。一般来说，实现市场目标的经营活动决定了所需各种资源的水平。显然，占领细分市场要花费比较多的成本。但是，可以利用的各种资源又是有限的，不仅财务金融、生产能力是有限的，而且人力资源、供应能力也是有限的。在这种情况下，目标市场重要性的大小直接影响到企业的决定。如果是一个重要的目标市场，尽管它消耗很多的资源，企业也会选择它。但是，如果需要大量市场营销资源的是一个次要目标市场，它就会被淘汰。为了对竞争对手的行动做出迅速的反应，在选定目标市场后还需要选择一些战略方案，不是紧急的计划或可以延期执行的计划都可以暂时放弃。

（五）选择整体战略

企业的营销战略就是企业管理层对如下关键的业务问题的答案：究竟是建立单业务组合还是建立多元化业务组合？究竟是满足广泛范围的顾客需求还是聚焦于某一个特定的小市场（如推出只针对女性的茶叶）？究竟是将企业的竞争优势建立于低成本之上，还是建立于产品质量的优越性上？究竟覆盖多大面积的地理区域（国际化的战略）？如何对新市场和环境做出反应（如跨国茶叶集团通常是以出口茶叶打入新兴市场，一旦条件成熟，立刻实施本地化战略）？因此，市场营销战略实际上反映了公司管理者所作的各种选择，表明这家公司将要致力于某些特定的产品、市场、竞争策略。

（六）确定市场营销组合

企业的市场营销计划是为实现企业市场营销战略而制定的行动方案，它比较复杂又具有综合性，涉及产品、分销、促销、价格四个重要因素，这四个大因素被称为市场营销组合因素。企业的市场营销战略正是通过这些组合来加以体现和贯彻。

三、目标市场细分

（一）市场细分

中国地域辽阔，人口众多，特别是东西南北的人们生活习惯、消费习惯及气候条件差异巨大，几乎没有形成完全相同的细分茶叶市场；不同档次的茶叶，都有购买者；即使是同一价格的茶叶，有的顾客喜好不一样，其购买的品牌也不一样。市场细分就是以消费者的某些特征为依据，区分具有不同需求的顾客群体。

（二）市场细分的标准

茶叶消费者市场细分标准除价格外主要可归纳为四大类：地理因素、人口因素、心理因素和行为因素。这些因素有些相对稳定，多数则处于动态变化中。

1.地理因素

即按照消费者所处的地理位置、自然环境来细分市场。其中较为重要的具体因素有：

（1）按地区细分：在我国，生活在南方和北方的消费者，东部与西部的消费者，甚至相邻省、市的消费者对许多新产品的要求都有很大差别。

（2）按消费水平细分：城市、郊区及乡村的情况是不一样的。例如，城市居民由于生活水平及交际的影响，茶叶消费档次与农村居民相比显著高出许多。

（3）按城市规模细分：如特大型城市、大城市、中型城市及小城市、县城与乡镇。

（4）按气候条件细分：不同地域的气候条件不同。我国北方高纬度地区冬季寒冷干燥，南方低纬度地区温暖潮湿，消费者对茶叶吸味的要求便大相径庭。处于不同地理位置的消费者，对同一类产品往往呈现出差别较大的需求特征，对企业营销组合的反应也存在较大的差别。

2.人口因素

指各种人口统计因素。常用的包括：

（1）按年龄细分：消费者的欲望和能力，会因为年龄不同而发生变化。例如青年消费者与老年消费者，在对茶叶的需求方面，便会产生极大的差异。

（2）按性别细分：许多企业为了满足女性个性化需求，开发出了很多个性化的女式茶叶，如各类花茶。

（3）按职业细分：一个人的职业也会影响其消费模式。工人、农民、军人、较、学生、职员及干部、企业家等，对同一类商品也会产生不同偏好。

（4）按收入细分：收入因素是经常用于市场细分的又一标准。消费者通常要“量入为出”，依据收入条件作出消费和购买决定。因此，许多企业把市场区分为精品市场和大众市场，高收入者市场、中收入者市场及低收入者市场，或进一步依据人均收入的不同档次细分市场。

（5）按民族细分：每个国家都存在不同的民族，每个民族都在漫长的历史发展过程中形成了独特的风俗习惯和文化传统，因而会导致需求的差异性。

其他还可以按教育程度、家庭生命周期、宗教信仰等进行细分。不同年龄、受教育程度不同的消费者在价值观念、生活情趣、审美观念和消费方式等方面会有很大的差异。

3.心理因素

即按照消费者的心理特征细分市场。按照上述几种标准划分的处于某个企业集体群体中的消费者对同类产品的需求仍会显示出差异，可能原因之一是心理因素发挥作用。心理因素具体包括：

（1）按个性细分：指一个人特有的心理特征，它会导致一个人对其所处的环境作出相应一致和持续不断的反应。一个人的个性会通过自信、支配、自主、须从、交际、保守和适应等性格特征来表现。

（2）按生活方式细分：指一个人在生活中所表现出来的活动、兴趣和看法的整体模式。人们追求的生活方式不同，对产品的喜好和追求也就不同，对生活方式就有许多分类方法。

（3）按生活格调细分：生活格调是指人们对消费、娱乐等特定习惯和方式的倾向性，追求不同生活格调的消费者对商品的爱好和需求有很大差异。

（4）按购买动机细分：需要是人类生存和发展的必要条件。需要一旦被意识到，就会以行动的动机形式表现出来。被意识到的需要就会作为动机，支配人的行为。

（5）按价值观念细分：指的是人们对事物的评价标准和崇尚风气。价值观念决定了人们的是非观、善恶观和主次观，在很大程度上决定着人们的行为。

（6）按追求的利益细分：即依据消费者通过购买、消费产品，期望得到的主要利益来进行市场细分。消费者在购买过程中，对产品不同效用的重视程度是不同的。如年龄较大的消费者喜欢喝口味较重的茶叶，而年龄消费者则更偏向于喝味道较淡或各类不同口味的茶叶。

4.行为因素

即按照消费者的购买行为细分市场。它包括：

（1）按进入市场的程度细分：按照消费者进入市场程度，通常可以划分为固定消费者、初次消费者和潜在消费者。

（2）按使用频率细分：依据产品购买、使用或消费的数量因素，将消费者分为少量使用者、中量使用者及大量使用者。大量使用者虽然在消费总人数中所占比重较小，但购买、消费某种产品的比重却很大，并往往具有某种共同的人口及心理方面的特征。

（3）按品牌忠诚度细分：市场还可依据消费者对某一品牌的忠诚状态进行细分。比如，始终不渝地坚持购买某一品牌的坚定的忠诚者，经常在几种固定的品牌中选择的不坚定的忠诚者，以及对任何一种品牌都不忠诚的多变者。每个企业的市场都包含了比例不同的这样四类顾客。

对于茶叶市场，还可按销售因素如价格、服务、花色品种、质量来划分。

（三）市场细分选择的条件

从企业市场营销的角度看，并非所有的细分市场都有意义。所选择的细分市场必须具备一定的条件。

1.可衡量性

表明该细分市场特征的有关数据资料必须是能够加以衡量和推算。比如在高档茶叶市场上，在重视产品质量的情况下，有多少人更注重价格，有多少人更重视外观，有多少人更重视喝口味，或兼顾几种特性。

2.可实现性

即企业所选择的细分市场是否容易进入。根据企业目前的人、财、物和技术等资源条件，看能否通过适当的营销组合策略占领市场。

3.可盈利性

即所选择的细分市场有足够的需求量且有一定的发展潜力，使企业赢得长期稳定的利润。应当注意的是：需求量是对于本企业的产品而言，并不是泛指一般的人口和购买力。

4.可区分性

指不同的细分市场的特征可清楚地加以区分。

细分茶叶市场的原则：不宜将市场分得过细，将市场分得过细，就要生产过多的产品种类去满足不同的市场。产品种类过多，企业营销组合难度增大。同时，过小的批量极难保证茶叶的内在质量，也难以长久占领目标市场。

细分市场应有足够的销售量（额）开发一个地区的细分市场，就需要有相应的人员（机构），如果某一细分市场的销量过小，就会浪费人力、物力。

四、目标市场选择

目标市场是企业打算进入的细分市场，或打算满足的具有某一需求的顾客群体。

（一）选择目标市场

企业在选择目标市场时有五种可供考虑的市场覆盖模式（如表7-1）。

表7-1　可供选择的市场覆盖模式

	概念	优点	不足
市场集中化	这是一种最简单的目标市场模式。即企业只选取一个细分市场，只生产一类产品，供应某一单一的顾客群，进行集中营销	企业能够集中力量，因而会在一个细分市场上，有较高的市场占有率和渗透率。如果细分市场选择得当的话，还可获得较高的投资收益率	企业具备在该细分市场从事专业化经营或取胜的优势条件；限于资金能力，只能经营一个细分市场；该细分市场中没有竞争对手；准备以此为出发点，取得成功后再向较多的细分市场扩展
选择专业化	即企业选取若干个具有良好的盈利潜力和结构吸引力，且符合企业的目标和资源的细分市场作为目标市场，其中每个细分市场与其他细分市场之间有较少联系	可以有效地分散经营风险，即使某个细分市场盈利不佳，仍可在其他细分市场取得盈利	采用这种模式的企业应具有较强的资源和营销实力
产品专业化	即企业集中生产一种产品，并向各类顾客销售这种产品	企业专注于某一种或一类产品的生产，有利于形成和发展生产和技术上的优势，在该领域树立形象	其局限性是当该领域被一种全新的技术与产品所代替时，产品销售量有大幅度下降的危险
市场专业化	即企业专门经营满足某一顾客群体需要的各种产品	由于经营的产品类型众多，能有效分散经营风险，并在这一类顾客群体中树立良好声誉	由于集中于某一类顾客，当这类顾客的需求下降时，企业也会遇到收益下降的风险
市场全面化	即企业生产多种产品去满足各种顾客群体的需求		采用这种模式的企业属于势力雄厚的大型企业

（二）目标市场营销策略

企业可选择的目标营销策略有三种：

1.无差异性营销策略

即把整个市场看作是一个大的目标市场，不去注意消费者需求的个性，而是注重其共性，用一种产品、统一的市场营销组合对待整个市场。

优点：成本的经济性，大量地生产销售必然降低单位产品成本；无差异的广告宣传可以降低促销费用，减少了储存、运输等成本。

缺点：漠视消费者需求的差异，使得有些需求未得到满足。

2.差异性营销策略

即把整个市场划分为若干个需求与愿望大致相同的细分市场，然后根据企业的资源及营销实力，选择部分细分市场作为目标市场，并为各个目标市场制定不同的市场营销组合策略。

优点：可以有针对性地满足具有不同特征的顾客群体的需求，提高产品的竞争力。

缺点：由于产品品种、销售渠道、广告宣传的扩大化与多样化，市场营销费用大幅提高。在成本和销售额上升的同时，市场效益并不具有保证。

3.集中性的营销策略

即在市场细分的基础上，企业只选择其中某一个细分市场作为目标市场，集中企业的人、财、物等用于满足该市场的需求。不求在较多的细分市场上都获得较少的市场份额，而需求在少数较少的市场上得到较大的市场份额。

优点：由于目标集中，可以大大节省营销费用和增加盈利；生产、销售渠道和促销的专业化，也能够更好地满足这部分特定消费者的需求，企业易于取得优越的市场地位。

缺点：企业承担的风险较大，如果目标市场的需求情况突然发生了变化，目标消费者的兴趣突然转移，或是市场上出现了更强有力的竞争对手，企业就可能陷入困境。

（三）目标市场定位

目标市场定位，又叫产品定位或竞争性定位，是塑造本企业产品与众不同的鲜明个性或形象，并传递给目标顾客，使该产品在细分市场上占有强有力的竞争位置。

产品的特色或个性可以从产品实体上表现出来，如形状、成分、构造、性能等；也可以从消费者心理上反映出来，如豪华、朴素、时髦、典雅等；还可以表现为价格水平、质量水准等。

企业在市场定位过程中，一方面要了解竞争者的产品的市场定位，另一方面要研究目标顾客对该产品的各种属性的重视程度，然后选择本企业产品的特色和独特形象，从而确定产品的市场定位。

市场定位作为一种竞争策略，显示了一种产品或一家企业同对手的竞争关系。定位方式不同，竞争态势也不同。

三种主要的定位方式是：

1.避强定位

即避开强有力的竞争对手的市场定位。优点：市场风险较少，成功率较高，能够迅速地在市场上站稳脚跟，并能在消费者心目中迅速树立起一种形象。这种定位常常为大多数企业所采用。

2.对抗性定位

一种与在市场占据支配地位的、属最强的竞争对手“对着干”的定位方式。优点：能够激励企业奋发上进，一旦成功就会取得巨大的市场优势。实行对抗性定位，必须知己知彼，尤其应清醒估计自己的实力，不一定试图压垮竞争对手，只要能够平分秋色就是巨大成功。故此法多为实力雄厚的企业所采用。

3.重新定位

即是对销路少、市场反应差的产品进行二次定位。优点：能摆脱困境，重新获得增长与活力。造成企业困境的可能是企业决策的失误，也可能是对手有力的反击或出现新的强有力竞争对手。

第五节　茶叶营销策略

一、茶叶产品策略

（一）营销组合概念

营销组合是公司用来从目标市场寻求其营销目标的一套营销工具。美国著名咨询公司麦肯锡将营销组合的变量概括为四类，称之为“4P”，即产品、价格、渠道和促销。而在其中，产品为最基本的工具。在中国茶叶行业中，4P加上政策和公共关系所形成的营销6P仍是主要的营销工具。

（二）产品整体概念

茶叶产品的定义是：由满足消费者对茶叶产品一定欲望和需求，能给消费者带来有形和无形利益的有形实体、无形服务、功能属性等的组合整体。

茶叶产品分5个层次（图7–1 产品的五个层次）：

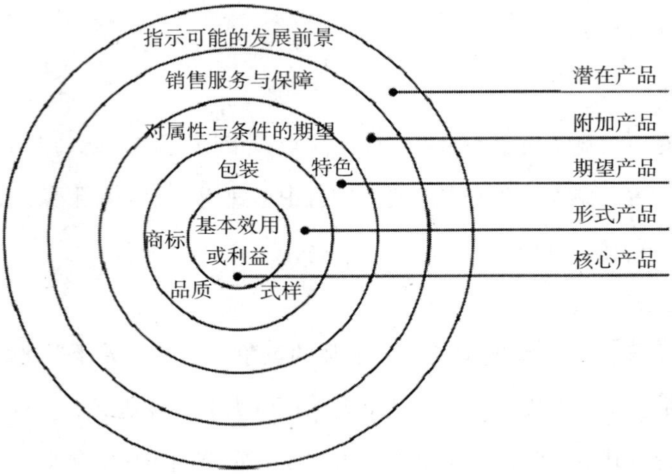

图7–1 产品的五个层次

1.核心产品

顾客真正所购买的基本服务和利益。对茶叶消费者而言，顾客真正购买的茶叶的饮用价值、营养价值与药效价值，还包括茶叶产品所能提供的社会交往、社会象征价值、精神愉悦等功能。

2.形式产品

营销者必须将核心产品转化为形式产品，即产品的基本形式。包括包装、商标、标签、式样、品牌等。

3.期望产品

即购买者购买产品时通常希望和默认的一组属性和条件。如名牌、质量高档、美观造型、鲜亮色彩、新颖的包装等。

4.附加产品

即包括增加的服务和利益，它能把本公司的产品和竞争者的产品区别开来。如咨询服务、质量保证、提供信贷、免费送货等。

5.潜在产品

即该产品最终可能会实现的全部附加部分和新转换部分。潜在产品指出了它的演变。如一些茶商在茶叶包装中通过赠送植物种子，茶叶消费者可以在消费完后加水，在包装盒中将会长出植物，用以美化办公室或家庭环境。

对今天茶叶产品的竞争本质而言，主要发生在产品的期望层次，即给消费者提供能满足其对口味、包装、价格、购买便利等方面需求的产品。

（三）茶叶产品的生命周期

产品生命周期是把一个产品的销售历史比作人的生命周期，经历出生、成长、成熟、老化、死亡等阶段，产品也要经历一个开发、引进、成长、成熟、衰退的阶段。

1.引进期（投入期、导入期）

新产品上市，销售缓慢。由于引进产品的费用太高，初期通常利润偏低或为负数，但此时没有或只有极少的竞争者。引进期可有四种营销策略：高价低促销策略、高价高促销策略、低价低促销策略、低价高促销策略。

2.成长期

产品经过一段时间已有相当知名度，销售快速增长，利润也显著增加。但由于市场及利润增长较快，容易吸引更多的竞争者。

成长期可有四种营销策略：改进型策略、品牌策略、细分市场策略、降价策略。

3.成熟期

此时市场成长趋势减缓或饱和，产品已被大多数潜在购买者所接受，利润在达到顶点后逐渐走下坡路。此时市场竞争激烈，公司为保持产品地位需投入大量的营销费用。

成熟期可有三种营销策略：进攻性策略、防守型策略、撤退型策略。

4.衰退期

这期间产品销售量显著衰退，利润也大幅度滑落。优胜劣汰，市场竞争者也越来越少。

衰退期可有3种营销策略：延长产品生命策略、收缩策略、淘汰策略。

产品生命周期概念，可用于一个产品、一个品牌或一个大类，但适用程度有别。产品大类的生命周期很长，如茶叶，在成熟期可以无限延长下去；某一品牌的茶叶又不太规则，有的品牌永远长不大，有的品牌昙花一现，有的愈久愈响；只有产品品种的生命周期比较典型。（图7–2 茶叶产品的生命周期）

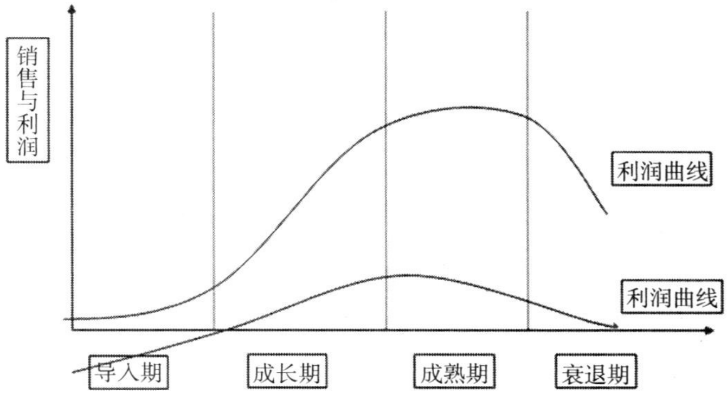

图7–2　茶叶产品的生命周期

（四）产品组合决策

1.产品组合概念

产品组合概念：是一个特定销售者售予购买者的一组产品，它包括所有产品线和产品品目。

公司的产品组合具有一定的宽度、长度、深度和相容度。以某茶厂生产的产品为例：

宽度：指公司具有多少条不同的产品线，如茶叶、其他日用品等。

长度：指它的产品组合中的产品品牌总数。如茶叶品牌为5个，其他产品为10个，及产品组合的总长度为15。

深度：指产品线中的每一产品有多少品种。如某茶叶品牌有3种规格和2种配方，即该茶叶品牌的深度为6。

相容度：指各条产品线在最终用途、生产条件、分销渠道或其他方面相关联的程度。（表7–2）

表7–2　天福茶叶集团产品组合

	产品组合宽度						
	乌龙茶	绿茶	普洱茶	花茶	茶食品	卡瓦拉果膏/糖浆	茶具
产品组合深度、长度	铁观音	碧螺春	普洱礼盒	玫瑰花茶	茶糕点	果膏	电茶壶
	台茶	龙井	普洱茶饼	茉莉花茶	茶酥类	糖果	单壶
	大红袍	其他绿茶	沱茶散茶	其他花茶	茶蜜饯	糖酱	壶组
	其他乌龙茶		普洱茶砖		茶干果	果露	其他茶具
					茶糖果		

资料来源：姜含春主编，《茶叶市场营销学》，中国农业出版社，2012

2.产品线决策

（1）优化产品组合

为了使茶叶企业产品组合达到最佳状态，而对现行产品组合进行分析、评价、调改实施管理的过程。也即优化产品组合，通常是分析、评价、调改管理现行产品组合的过程。如近两年，随着中央八项规定实施以来，对于茶叶企业来说，礼品茶可以适当减少，而大众茶则应该适当扩张。

（2）产品延伸策略

如果公司超过现有的范围来增加它的产品线长度，这就叫产品线扩展。公司可以向下或上或同时上下扩展其产品线。

向下扩展：公司向下扩展其产品线，主要基于以下原因：①公司在高端市场受到攻击，决定拓展低端市场作为反击；②高端市场增长缓慢；③公司最初步入高端市场为树立形象，然后向下拓展；④增加低端市场，为了填补市场空当。向下扩展的风险在于：低档产品可能对自己高端市场进行蚕食，同时，引起竞争者将产品转移到高端来挑起竞争。

向上扩展：在市场上定位于低端产品的公司可能打算进入高端产品市场。向上扩展的决策可能带来的一些风险，主要为高端产品的厂家不仅会固守自己的阵地，而且会反过来进入低端产品市场，进行反击，此外，潜在顾客可能不相信新厂家能生产优质产品。

双向扩展：定位于市场中端的厂家可能会决定向上或下两个方向扩展其产品线。

产品线填补：即在现有的产品线范围内增加一些产品品目。产品线填补主要有如下动机：获取增量利润、充分利用剩余生产能力；成为产品线完整的公司；填补市场空隙，防止竞争者的进入。在产品线填补中，每一个产品品目必须具备显著的差异性。

（五）品牌策略

品牌是一种名称、术语、标记、符号或设计，或是他们的组合运用，其目的是借以辨认某个销售者或某销售群体的产品或服务，使之同竞争对手的产品和服务区别开来。

品牌的要点是销售者向购买者长期提供的一组特定的特点、利益和服务。最好的品牌传达了质量的保证。然而，品牌还是一个更加复杂的符号。一个品牌能表达出六层意思，即品牌六面体：

1.属性

一个品牌首先带来特定的属性。例如“八马”牌茶叶表现出的品质优良、尊贵不凡、高声誉、高价格等，是典型的礼品茶品牌，因此八马茶叶，将其属性定为天生的尊贵之礼。

2.利益

属性需要转化为功能利益和情感利益。茶叶的属性可以转化为功能利益，如满足了自己的口味需求；昂贵的价格可以转化为情感利益，如体现了自己的身份不凡。

3.价值

品牌还体现了该制造商的某些价值感。例如“艺福堂”茶叶体现了高质量、活力和创造性，倡导品质源于专业，专业创造价值的理念，坚持“健康茶，艺福堂”的核心理念和品牌价值观，全心全意为顾客和广大消费者提供更加优质的健康好茶。

4.文化

品牌可能附加和象征了一定的文化。如“艺福堂”品牌文化：一花一世界，一叶一天堂；繁忙的都市生活节奏，让我们无暇顾及自己的生活；我们崇尚一种健康快乐的生活理念，每天你只需要一杯清茶，便可拥有一份快乐的心情，纵使千金也难换。

5.个性

品牌还代表了一定的个性。

6.使用者

品牌还体现了购买或使用这种产品是哪一类消费者。产品所表现的价值、文化和个性，均可反映到使用者身上。

明确了品牌的6层含义之后，营销者必须决定对品牌的辨认如何锁定，不单纯在品牌属性上，更重要的辨认应是品牌价值、文化和个性。

（六）产品包装策略

包装的主要功能是包容和保护产品。近年来随着自助服务销售方式的增加，产品的包装还执行许多销售任务，包装已经成为一项重要的营销工具。它必须吸引顾客注意，描述产品的功能特色，给顾客以信心，使产品在顾客心目中有一个很好的印象。

包装的设计应符合：

1.造型美观大方，图案生动形象，不落俗套，避免模仿、雷同。尽量采用新材料、新图案、新形状，引人注目。

2.包装应和商品的价值或质量水平相配合。

3.包装要能显示出商品的特点和风格。

4.包装的造型和结构应考虑销售、使用、保管和携带的方便。

5.包装上的文字应能增加顾客的信任感并指导消费。

6.包装装潢的色彩、图案要符合消费者的心理要求，不与民族习惯、宗教信仰相抵触。

越来越多的茶叶产品重视包装设计，一方面，大量异型包装的出现，给消费者提供更多选择；另一方面，包装工艺越来越精细，如礼品茶包装中大量运用烫金、镭射、瓷瓶、琉璃瓶等工艺，来表达档次感。包装应成为体现品牌价值和定位的重要工具。对茶叶产品而言，其自助销售功能将越来越强。

二、茶叶价格策略

（一）价格概念

狭义地说，价格是购买产品或服务所支付的货币数目。广义地说，价格是消费者为取得同等价值的产品或服务所愿意支付货币数目。价格是营销组合中唯一产生销售收入的因素，其他因素则代表成本。

（二）影响茶叶定价的因素

1.产品成本

产品成本是指生产经营者为某产品所投入和耗费的费用总和。它是构成产品价格与价值的主要组成部分，产品成本包括变动成本和固定成本之和，具体可分为生产成本、储运成本和销售成本三部分。

2.市场供求关系

市场供求状态是引起产品价格变化的外在主要因素。一般认为，价格与供给量成正比关系，价格越高，供给量越大；反之，价格越低，供给量越小。价格与需求量成反比关系，价格越低，需求量越大；价格越高，需求量越小。

茶叶市场供求与价格的关系同样遵循一般产品市场的规律，当市场上供大于求时，茶叶价格就趋于下降；当市场上出现供不应求的状况时，茶叶的价格就会自然上升。

3.需求价格弹性

所谓需求价格弹性是指单位价格相对变化引起的需求量的相对变化程度。需求量受价格变化影响大的，叫做需求价格弹性大，又称为富有弹性；反之则叫做需求价格弹性小，或称为缺乏弹性。产品需求价格弹性的大小，可以通过价格弹性系数来表示：需求弹性系数=需求量变动百分比/价格变动百分比。

其反应市场需求量对价格变化的敏感程度，是制定和调整价格的重要依据。一般来说，茶叶属于富有弹性的商品。

4.目标投资收益率

在正常情况下，每一个生产经营者都会追求一定的利润目标，这些目标通常是以投资收益率或资产收益率来评估的。茶叶生产经营者可供选择的利润目标一般有三种：长期利润目标、最大当期利润目标、固定利润目标。茶叶经营者在投资前制定一个具体的利润目标，以保证获得固定的投资收益。

5.消费者对产品的认知

消费者对产品所持有的认知价值，对他们所能接受的价格有重大影响。当他们对产品的认知价值较高时，就能接受一个较高的价格；相反，价格高时，他们会拒绝接受。一个产品的认知价值的建立需要经营者做好营销工作，只有建立其良好的产品形象，才能提升消费者对产品的认知价值。如寿光的绿色蔬菜在这方面的成功经验值得借鉴。

（三）茶叶定价策略

茶叶定价策略是在定价目标的指导下，根据茶叶特征和市场条件，综合考虑影响价格的各种不同因素，运用具体的定价方法，对茶叶价格进行决策。常用的定价策略有以下几种：

1.渗透定价策略

茶叶的同一个品种具有较大的同质性，因此经营者往往采取低价来吸引众多消费者。其理论根据是市场上存在一大群普通消费者，他们的购买行为相当理智，希望支付较低的价格来获得较高的满足。所谓低价，是相对于产品品种和服务水平而言的。这种策略的优势在于低价低利能够有效地阻止竞争者加入，产品能较长时间地占领市场。这种策略主要包括以下三种。

（1）高质中价定位。指企业提供优质的产品和服务，但价格却定在中等水平上，以价格的优势吸引众多的消费者，使消费者感到花中等的价格获得高品质消费。

（2）中质低价定位。指企业以较低的价格，向消费者提供符合一般标准的产品和服务，使顾客以较低的价格，获得信得过的产品。这一目标市场的顾客群对价格敏感，但又不希望质量过于低劣。例如，目前在我国正在兴起的仓储式商店的发展就是针对这一顾客群的。

（3）低质低价定位。产品没有质量优势，唯一有的是价格优势。这一策略主要迎合一些低收入阶层。使用低质低价策略的条件是：能够通过销售量的增加使产品的生产成本下降，且目标市场的顾客对价格非常敏感。如果发现竞争加剧，经营者应考虑有更低成本的产品推出。

渗透定价策略的适用范围是：新产品进入市场；产品市场规模大，市场竞争性较强；产品需求弹性较大，消费者对产品价格反应敏感，稍微降价就会刺激需求；大批量生产能显著降低成本；薄利多销的利润总额大于按正常价格销售的利润总额。

2.撇脂定价策略

撇脂的意思是指从牛奶表面逐层撇取奶脂，撇脂定价是指新产品进入市场后经营者有意识地把产品价格定得大大高于成本，使其能在短时间内把开发新产品的投资和预定的利润迅速收回。采用这一策略的经营者在促销时，产品价格定到什么程度不以成本为标准，只要能满足顾客的炫耀心理，能显示出商品的高品质、高附加值即可。这一策略的实施往往配合以强大的宣传攻势，将产品推向市场，使消费者尽快地认识新产品，在短时间内形成强烈的需求欲望和购买动机。当然，采取高价策略要有支持高价的产品特性。比如，高价产品应该能突出显示消费者的地位和财富，意味着产品高品质，高档次等。

3.尾数定价策略

一般消费者往往认为尾数价格是经过精密计算的，因而产生一种真实感，信任感、便宜感。尾数定价策略可以顺应某些地区、民族的风俗习惯，从而有利于扩大销售。如250克茶叶标价298元，比标价300元更能吸引顾客。现在用的尾数比较多的还有8，取“发财”中“发”的谐音。

4.整数定价策略

根据消费者自尊心理的需要，对一些高级商品要采取整数定价，因为这种定价能满足顾客的虚荣心。例如一盒礼品茶如果定价为198元，就不如定价218元为好。因为顾客心里感觉198元只是100多元，没有超过200元，心理上得不到满足，不易引起购买动机。

5.分档定价策略

分档定价就是根据不同顾客、不同时间和不同场所，在经营不同牌号、不同花色和规格的同类产品时，不是一种商品一个价格，而是把商品分为几个档次，每一档次定一个价格。分档定价的形式有以下几种。

（1）针对不同顾客群体定不同价格。如许多会员商店，对会员顾客实行标明的价格售货，而对非会员顾客购物则要加收价格的5%~10%。

（2）同一产品，按不同花色、样式和规格实行分档定价。如把同为红富士品种的苹果按照大小分成不同的等级，每个等级确定一个价格；出售猪肉时，根据不同部位确定不同的价格。

（3）按位置分档定价。根据销售场所的区位优势，交通便利程度、商服繁华度、消费群体层次等因素确定不同的价格。

（4）按时间分档定价。比如在日本一些大的超市里鲜鸡蛋早上和晚上的价格不同。再如同样的新鲜蔬菜元旦、春节期间价格要比平时高出一倍，甚至几倍。

分档定价可以使消费者感到商品档次高低的明显差别，为消费者选购提供了方便。但分档不宜太少也不宜太多，因为档次太多，价格差别太小，起不到分档作用；档次太少，价格差别太大，则容易使期望中间价格的顾客失望。

实行分档定价要注意以下几点：市场是可以细分的，且每个细分市场的需求强度不同；商品不可能从低价市场流向高价市场，不可能转手倒卖；高价市场上不存在削价竞争；分档定价不应引起顾客不满等。

6.折扣定价策略

折扣定价策略指经营者在顾客购买商品达到一定数量或金额时予以价格折扣。折扣定价策略包括以下几种：

（1）数量（金额）折扣。指卖主为了鼓励顾客多购买，达到一定数量（或金额）时给予某种程度的折扣。其形式有累进折扣和非累进折扣两种：累进折扣为买方在一定时期内累计购买达到一定数量或金额时，给予一定折扣，购买越多，折扣比例越高。非累进折扣是当一次购货达到卖主要求的数量或金额时，就会给予折扣优待。

（2）现金折扣。现金折扣是指消费者在赊销购物时，如果买方以现金付款或者提前付款，可以得到原定价格一定折扣的优惠。主要是销售商为及时回收货款而采取得一种价格促销方式。

（3）交易折扣。根据各类中间商在市场营销中功能的不同给予不同的折扣。交易折扣的多少，视行业、产品的不同以及中间所承担的责任多少而定。一般来说，批发商折扣较多，零售商折扣较小。

7.地区定价策略

地区定价策略，就是当把产品卖给不同地区的顾客时，决定是否实行地区差价。地区定价策略的关键是如何灵活对待运输、保险等费用，是否将这些费用包含在价格中。因为在茶叶定价中运费和保险费是一项很重要的因素，特别是运费和保险费占成本比例较大时更应该重视。具体方法如下。

（1）产地定价。指顾客在产地按出厂价购买产品，卖主负责将产品运至顾客指定的运输工具上，运输费用和保险费全部由买方承担。这种定价方法对卖方来说是最简单和容易的。对各地区的买主也是适用的。

（2）统一交货定价。是指不论买主所在地距离远近，都由卖主将货物运送到买主所在地，并收取同样的运费。这种策略类似于邮政服务，因此又被称为“邮票定价法”。该策略适用于重量轻、运费低廉，并占变动成本比重较小的产品。它可以使买方感到免费运送而乐于购买，有利于提高市场占有率。

（3）分区运送定价。这是卖方将市场划分为几个大的区域，在每个区域内实行统一价格，与邮政包裹和长途电话收费近似。

三、茶叶分销策略

茶叶分销策略又叫渠道策略，是指茶叶产品从生产者向消费者转移过程中，取得这种产品和服务的所有权或帮助所有权转移的所有组织和个人。其作用主要有：联结生产、反馈信息、促进销售、承担风险和实体分配。

一般来说，茶叶传统营销渠道主要包括：批发商、代理商、零售商；而新型分销渠道则主要包括连锁经营、特许经营、生产企业自营销售组织、网上直销。

茶叶企业对个人消费者销售渠道模式。

有如下几种：

生产者—消费者

生产者—零售商—消费者

生产者—批发商—零售商—消费者

生产者—代理商—零售商—消费者

生产者—代理商—批发商—零售商—消费者

茶叶企业可以根据有无中间商参与交换活动，可以将上述两种模式中的所有通道，归纳为两种最基本的销售渠道类型：直接分销渠道和间接分销渠道。间接渠道又分为短渠道与长渠道。

（一）渠道的分类

1.直接分销渠道

直接分销渠道是指生产者将产品直接供应给消费者或用户，没有中间商介入。直接分销渠道的形式是“生产者—用户”。主要形式有订购分销、自开门市部销售、联营分销。

2.间接分销渠道

间接分销渠道是指生产者利用中间商将商品供应给消费者或用户，中间商介入交换活动。

间接分销渠道的典型形式是“生产者—批发商—零售商—个人消费者（少数为团体用户）”。

3.长渠道和短渠道

分销渠道的长短一般是按通过流通环节的多少来划分，具体包括以下四层：零级渠道、一级渠道、二级渠道、三级渠道。

4.宽渠道与窄渠道

渠道宽窄取决于渠道的每个环节中使用同类型中间商数目的多少。茶叶企业使用的同类中间商多，产品在市场上的分销面广，称为宽渠道。企业使用的同类中间商少，分销渠道窄，称为窄渠道。

5.单渠道和多渠道

当企业全部产品都由自己直接所设的门市部销售，或全部交给批发商经销，称之为单渠道。多渠道则可能是在本地区采用直接渠道，在外地则采用间接渠道；在有些地区独家经销，在另一些地区多家分销；对消费品市场用长渠道，对生产资料市场则采用短渠道等。

（二）影响茶叶分销渠道选择的因素

1.产品因素

（1）茶叶的单价：低价，渠道应长；高价，渠道应短。

（2）茶叶包装的体积与重量：大或重，分销路线要短，最好采用直接分销渠道；小而轻，一般设置中介环节。

（3）茶叶的自然属性：保质期短的茶叶分销渠道尽可能短些、宽些，以求尽快地把茶叶送到消费者手中。

（4）茶叶的季节性：大多数茶叶具有生产上的季节性，分销渠道应长些，以便更好地推销，解决茶叶的季节性生产和常年性消费之间的矛盾。

（5）茶叶数量:企业提供的茶叶数量越多，就越需要通过中间商销售；反之，企业有能力自己销售或只需要选择较少的中间商销售，其分销渠道可以短些、窄些。

2.市场因素

（1）目标市场的选定

目标市场近，选择直接销售或较短渠道。目标市场远，要经过长途运输，甚至还要经过储存，渠道应长些。

（2）消费者的习惯

消费者如喜欢就近购买，渠道应宽而长；反之，渠道应短而窄。

（3）零售商的实力

零售商的实力较强，经营规模较大，企业可直接通过零售商经销产品；零售商实力普遍较弱，经营规模较小，企业只能通过批发环节分销。

（4）地区差价的大小

茶叶的地区差价如果大，中间商从事贩运活动就有利可图，分销渠道可长些；反之，则要短。

3.政策因素

国家政策法律的变化决定着茶叶分销渠道的取舍和变更。

4.企业因素

①茶叶企业的规模大，生产能力强，技术水平高，资源充足，既可以建立自己的直接销售队伍，也可以选择较大规模的中间商合作，还可以采用混合分销渠道系统。

②茶叶企业的市场营销经验丰富、管理能力强，则可考虑较短的分销渠道；反之，对中间商的依赖性就大，只有依靠中间商来销售。

③ 茶叶企业如希望控制分销渠道，倾向于短而窄的渠道；无意控制分销渠道，可采用宽而长的渠道。

④茶叶如企业能提供更多的广告、展览、培训或经常派技术服务人员驻店等服务，为茶叶销售创造条件，则可增强中间商经销产品的兴趣。

四、茶叶促销策略

从促销形式上看，可以将茶叶促销分为人员推销、广告、营业推广、公共关系四种形式。

（一）人员推销

人员推销是指通过销售人员深入中间商或消费者进行直接的宣传介绍活动，使其采取购买行为的促销方式。人员推销是人类最古老的促销手段。远在小商品经济时代，商人的沿街叫卖、上门送货等就属于人员推销。在商品经济高度发展的现代社会，人员推销这种古老的形式更焕发了青春，成为现代社会最重要的一种促销形式。

同非人员推销相比，人员推销的最大特点是具有直接性。人员推销是一种推销员与消费者面对面的双向沟通的活动，它是一种非常有效的产品促销方法，具有以下七个主要特点：

1.人员推销注重人际关系，有利于消费者与销售人员之间建立友谊关系。

2.人员推销具有较大的灵活性。

3.人员推销针对性强，无效劳动较少，具有即时成交陛。

4.人员推销在大多数情况下能实现潜在交换，形成实际销售。

5.销售人员充当双重角色，有利于企业经营决策。

6.信息反馈迅速，可提供售后服务。

7.人员推销的费用较高，覆盖范围有限。

人员推销是促销组合中的一个重要组成部分，我国大量存在的茶叶经纪人的行为是茶叶人员推销的主要形式之一。

（二）广告

广告是指由广告主采取付费方式，委托广告经营部门通过传播媒体，以现代科学技术和现代化设备为手段，以策划为主体、创意为中心，对受传者进行的以有关企业目标、经营方式、产品或服务项目为主要内容的宣传活动，旨在使受传者心目中牢固树立企业形象、品牌形象及产品形象，从而达到刺激、扩大市场需求，开拓潜在市场、扩大市场份额与产品销售，进而指导消费者、培养受传者新的生活方式的目的。

广告促销具有覆盖范围广、传播迅速、形式多样、人均成本低、短时间内造势效果好、单向沟通、信息量有限、传播效果受到内外因素影响、总成本高等特点。

我国许多茶叶的营销者仍然遵循着旧观念，固守市场，导致市场范围越来越小，竞争力越来越弱，占有率越来越低。随着市场营销环境的变化，广告已成为促销的主角，肩负着创名牌和增效益两大特殊使命。因此，应结合茶叶个性特征挖掘其独有魅力，做好广告宣传。

（三）营业推广（销售促进）

营业推广又称销售促进，是指为刺激需求而采取的能够迅速激励购买行为的促销方式。

与其他的促销方式不同，营业推广多用于一定时期、一定任务的短期特别推销。一般来说，人员推销、公共关系、广告等促销方式都带有持续陛和常规性，而营业推广则常常是上述促销方式的一种辅助手段，用于特定时期和特定商品的销售。根据茶叶的特点，茶叶的营业推广适合采用特价、价格折扣与优惠券、免费品尝、展销会、加量不加价、POP广告等方式。如生鲜超市常对某一种蔬菜进行特价限量购买，以树立一种物美价廉的形象，带动其他商品销售。

销售促进策略包括渠道促销和消费促销两个层面，渠道促销主要有提高铺货率、销售费用率、返利率、销售资源分配比例，提供渠道及终端形象设计与宣传支持等。茶叶市场促销以消费促销为主，加强区域市场、目标消费群的调研分析及信息反馈，深入分析消费者层次、茶叶消费程度、成长潜力、消费传统或倾向。根据市场调研结论，结合产品特点和市场竞钕需要，针对性地确定促销推广方案。通过经济、实惠的品牌传播途径，如报刊的分类广告和软文广告、茶博会的斗茶会等，实施差异化营销创新，配置新颖、别致的宣传品、展品、POP等，倡导茶艺、茶道等的文化推广传播，达到“润物细无声”的品牌推介和促销效果。有效运用买赠（特色茶用品）、免费品尝、低价限购、现场抽奖、会员制、短期打折等符合茶叶营销特点的促销手段，合理分配利用销售资源。并切实做好促销活动的事前评估设计、事中执行和费用监控、事后总结评价。

（四）公共关系

公共关系指一个组织为了改善与社会公众之间的关系，通过双向信息沟通，增进公众对组织的认识、理解与支持，树立良好的组织形象，为自身事业的发展创造最佳社会环境而开展的一系列活动。公共关系是企业促销策略之一，与其他促销策略相比，公共关系具有如下特点：

1.广泛性

公关客体是与社会组织密切相关的各种社会公众、企业、政府和社会团体。

2.主动性

在市场经济条件下，公关主体要生存、求发展，就必须积极主动地参与竞争。

3.长期性

公关活动的目标是在社会公众心目中树立良好的企业形象，使社会公众难以忘怀，对社会公众的影响是长期的。

4.双向性

社会组织通过一系列公关活动，吸引了大量的社会公众参与，可以将社会组织的信息传递出去，同时还能广泛收集所需要的大量信息，实现信息沟通的双向性。

由于茶叶的促销活动一般由政府和当地新闻媒体一起发动，所以依靠公共关系进行产品促销往往能够取得较好的效果。

第六节　茶叶网络营销

一、茶叶营销网络的概念

茶叶营销网络是指由茶叶商业企业为主，建立营销机构，并实行对零售户送货，服务、管理供应范围内零售户的茶叶营销组织系统。这些组织和个人通过分工和合作，形成系统性网络化的茶叶营销通路，使茶叶能够有效地从生产者转移到最终消费者手中。

茶叶营销网络的建设和管理受到诸多因素的影响，例如顾客的消费偏好和需求特点、各类中间商的不同职责与作用、茶叶生产企业的市场营销目标及其他为网络成员所提供的服务与支持等。从这种意义上来讲，茶叶营销网络的形成与运作是一个关系到茶叶制造商、中间商和消费者的有机整体。在这个机体内，茶叶制造商、中间商和消费者有着共同的目标和利益需求，即将茶叶传递给消费者，满足其需求，并获得最大的效用和利益。正因为这样，他们可以通过科学合理的分工与协作，来达到将茶叶及时准确地传递给消费者的目的。

二、茶叶网络营销方法

常用的茶叶网络营销方法：搜索引擎注册与排名，交换链接，病毒式营销，网络广告，信息发布，邮件列表，个性化营销，许可E-mail营销，博客营销，会员制营销，微信营销等等。

（一）搜索引擎注册与排名

搜索引擎注册与排名是最经典也是最常用的网络营销方法之一，现在，搜索引擎的效果已经不像几年前那样有效，但调查表明，搜索引擎仍然是人们发现新网站的基本方法。因此，在主要的搜索引擎上注册并获得最理想的排名，是网站设计过程中主要考虑的问题之一，网站正式发布后尽快交到主要的搜索引擎，是网络营销的基本任务。茶叶营销者进行网络营销时要充分利用搜索引擎，研究表明消费者在网络购物搜索时，往往购买搜索结果中的前几名产品。

（二）交换链接

交换链接或称互惠链接，是具有一定互补优势的网站之间的简单的合作形式，即分别在自己的网站上放置对方网站名称，并设置对方网站的超级链接，使得用户可以从合作网站中发现自己的网站，达到互相推广的目的。茶叶网络营销时可以通过与淘宝、天猫、京东等大网络营销平台建立交换链接。

（三）病毒式营销

病毒式营销并非真的以传播病毒的方式开展营销，而是听过用户的口碑宣传网络，信息像病毒一样，传播和扩散，利用快速复制的方式传向数以千计，数以百万计的受众。病毒式营销的经典案例是hotmail，现在几乎所有的免费电子邮件提供商都采取类似的推广方法。

（四）网络广告

几乎所有的网络营销活动都与品牌形象有关，在所有与品牌推广有关的网络营销手段中，网络广告的作用最为直接。有研究表明，网络广告的点击率并不能完全代表其效果，网络广告对那些浏览而没有点击广告的，占浏览者总数99%以上的访问者同样产生作用。茶叶营销者可以通过在门户网站或大的专业网站发布茶叶产品广告，让消费者及时了解茶叶产品的信息。

（五）信息发布

信息发布既是网络营销的基本职能，又是一种实用的操作手段，茶叶营销者通过互联网，不仅可以浏览到大量的商业信息，同时还可以自动发布茶叶企业信息，最重要的是将有价值的信息及时的发布在自己的网站上，以充分发挥网站的功能，比如：新产品信息，优惠促销信息等。

（六）邮件列表

邮件列表实际上也是一种Email营销方式，邮件列表也是基于用户许可的原则，用户自愿加入，自由退出，稍微不同的是，Email营销直接向用户发送促销信息，而邮件列表是通过为用户提供有价值的信息，在邮件内容加入适量的促销信息，从而实现营销的目的。

（七）个性化营销

个性化营销的主要内容包括：用户定制自己感兴趣的信息内容，选择自己喜欢的网页设计形式，根据自己的需要设置信息的接收方式和接收时间等等。据研究，为了获得某些个性化的服务，在个人信息可以得到保护的情况下，用户才愿意听过有限的个人信息，这正是开展个性化营销的前提保证。茶叶营销者可以通过个性化营销方法向消费者及时发布消费者感兴趣的茶叶产品信息，促进消费者购买茶叶产品。

（八）许可E-mail营销

是在用户事先许可的前提下，通过电子邮件的方式向目标用户传递有价值信息的一种网络营销手段。有三个基本因素：基于用户许可、通过电子邮件传递信息、信息对用户是有价值的。

开展E-mail营销的八种主要模式：顾客关系E-mail，企业新闻邮件，提醒服务/定制提醒计划，许可邮件列表，赞助新闻邮件，赞助讨论列表，鼓动性营销，伙伴联合营销。

（九）博客营销

即是通过博客网站或博客论坛接触博客作者和浏览者，利用博客作者个人的知识、兴趣和生活体验等传播商品信息的营销活动。是一种基于个人知识资源（包括思想、体验等表现形式）的网络信息传递形式。不同行业、不同规模企业的博客营销，各个企业采用的博客营销模式也不尽相同，事实上博客营销可以有多种不同的模式，如茶叶营销者可以通过在博客网站上做广告、发表专业文章、打造博客团队及监测博客网站营销茶叶。

（十）会员制营销

会员制营销已经被证实为电子商务网站的有效营销手段，国外许多网上零售型网站都实施了会员制计划，几乎已经覆盖了所有的行业，国内的会员制营销还处在发展初期，不过已经看出电子商务企业对此表现的浓厚的兴趣和发展的势头。

（十一）微信营销

微信营销是网络经济时代企业营销模式的一种。是伴随着微信的火热而兴起的一种网络营销方式。微信不存在距离的限制，用户注册微信后，可与周围同样注册的“朋友”形成一种联系，订阅自己所需的信息，商家通过提供用户需要的信息，推广自己的产品，从而实现点对点的营销。微信营销主要体现在以安卓系统、苹果系统、windowsphone8.1系统的手机或者平板电脑中的移动客户端进行的区域定位营销，商家通过微信公众平台二次开发如对接微信会员云营销系统展示商家微官网、微会员、微推送、微支付、微活动、微CRM、微统计、微库存、微提成、微提醒等，已经形成了一种主流的线上线下微信互动营销方式。茶叶营销者可以通过微信营销达到点对点的精准营销；也可以通过位置签名、二维码、开放平台及公众平台等方法与消费者开展交流。

参考文献

[1]杨亚军.中国茶树栽培学[M].上海：上海科学技术出版社，2005.

[2]安徽农学院.茶叶生物化学[M].北京：农业出版社，1980.

[3]陈宗懋，杨亚军.中国茶叶词典[M].上海：上海文化出版社，2013.

[4]吴洵.茶园土壤管理与施肥技术[M].北京：金盾出版社，2009.

[5]杨亚军，梁月荣.中国无性系茶树品种志[M].上海：上海科学技术出版社，2014.

[6]江用文.中国茶产品加工[M].上海：上海科学技术出版社，2010.

[7]刘宝祥.茶树的特性与栽培[M].上海：上海科学技术出版社，1980.

[8]庄晚芳.茶树生理学[M].北京：北京科学出版社，1984.

[9]程启坤，姚国坤，沈培和，等.茶叶优质原理与技术[M].上海：上海科学技术出版社，1985.

[10]潘根生.茶树生物学[M].北京：中国农业出版社，1995.

[11]俞永明.茶树高产优质栽培技术[M].北京：金盾出版社，1990.

[13]张福锁.环境胁迫与植物营养[M].北京：北京农业大学出版社，1993.

[14]彭萍，王晓庆，李品武.茶树病虫害测报与防治技术[M].北京：中国农业出版

社，2013.

[15]石春华.茶树病虫害绿色防控技术彩图详解[M].北京：中国农业出版社，2006.

[16]张汉鹄，谭济才.中国茶树害虫及其无公害治理[M].合肥：安徽科学技术出版社，2004.

[17]潘根生，王正周.茶树栽培生理[M].上海：上海科学技术出版社，1986.

[18]陈宗懋. 中国茶经[M].上海：文化出版社，1999.

[19]刘新.有机茶生产与管理技术问答[M].北京：金盾出版社，2008.

[20]安徽农学院. 制茶学[M]. 北京：农业出版社，1991.

[21]郭锦墉，李道和，等. 市场营销学[M].上海：上海财经大学出版社，2009.

[22]农业部种植业管理司、全国农业技术推广服务中心、国家茶叶产业技术体系组.茶叶标准园生产技术[M].北京：中国农业出版社，2010.

[23]周铁锋.茶叶病虫害防治原色图谱[M].杭州：浙江科学技术出版社，2010.

[24]纪宝成，吕一林.市场营销学[M].北京：中国人民大学出版社，2012.

[25]菲利普·科特勒，凯文·莱恩·凯勒.营销管理[M].王永贵，译.北京：中国人民大学出版社，2013.

[26]吕一林.营销渠道决策与管理[M].北京：中国人民大学出版社，2009.

[27]郑剑顺，等.茶叶市场营销实务[M].杭州：浙江大学出版社，2013.

[28]谢付亮，朱亮.茶翅高飞[M].福州：福建人民出版社，2011.

[29]王易.微信营销与运营策略、方法、技巧与实践[M].北京：机械工业出版社，2013.

[30]昝辉 Zac.网络营销实战密码策略、技巧、案例[M].北京：电子工业出版社，2013.

[31]希夫曼，等.消费者行为学（第10版）[M].北京：中国人民大学出版社，2011.

[32]彭萍，唐敏，等.黄板诱杀茶园黑刺粉虱及假眼小绿叶蝉效果及特性研究[J].西南农业学报，2010，（1）.

[33]韩宝瑜，崔林.茶园黑刺粉虱自然种群生命表[J].生态学报.2001，23（9）.

[34]李慧玲，王庆森，王定锋，等. 茶黄蓟马在茶梢上的分布调查研究初报[J]. 茶叶科学技术，2013，（4）.

[35]孙春艳，杨泽慧.新旧版《有机产品认证管理办法》的主要差异[J].质量与认证，2014，（4）.

[36]杨普香，阮建云，等.江西省茶叶主产县茶园土壤养分现状分析[J].江西农业学报，2013，25（9）.

[37]林智，吴洵，俞永明.土壤pH对茶树生长及矿质元素吸收的影响[J].茶叶科学，1990，10（2）.

[38]黄建安.茶树保护酶类与抗寒性的关系[J].茶叶科学，1990，10（2）.

[39]陶汉之.茶树的水势和灌溉的生理指标[J].中国茶叶，1980，（4）.

[40]吴洵，茹国敏.茶树氮肥的吸收和利用[J].茶叶科学，1986，6（2）.

[41]潘根生，高人俊.茶树遮阴生理生化变化[J].茶叶科学，1986，6（2）.

[42]杨跃华，庄雪岚，胡海波.土壤水分对茶树生理机能的影响[J].茶叶科学，1987，7（1）.

[43]谢振伦. 茶黄蓟马的生物学特性研究简报[J]. 植物保护学报，1987，14（1）.

[44]杨培迪，高思青，宁静，等. 茶尺蠖生物防治研究进展[J]. 茶叶科学技术，2009，（1）.

[45]杨普香，江新凤，等. 茶尺蠖和假眼小绿叶蝉防治技术研究[J]. 农学学报，2013，3（12）.

[46]赵冬香，陈宗懋，等. 假眼小绿叶蝉对不同颜色偏嗜性的研究[J]. 茶叶科学，2001，21（1）.

[47]张泽岑，王雪萍. 利用茶树品种多样性控制茶芽枯病的研究. 茶叶科学[J]，2006，（4）.

[48]黄世雄. 几种农药防治茶网饼病药效试验[J]. 福建茶叶，2005，3（13）.

[49]李应祥，王勇．贵州省都匀市茶轮斑病病原菌鉴定及生物学特性的研究[J].中国茶叶加工，2013，（3）.

[50]侯伟华,张强,崔海梅,等. 针形绿茶做形机械研究进展[J]. 中国茶叶, 2010,（6）.

[51]张莹,周正科,等. 针形名优绿茶揉捻工艺研究现状及发展趋势[J]. 南方农业, 2011, 5（6）.

[52]赵先明. 名优绿茶机械加工技术简介[J]. 贵州茶叶, 2011，（2）.

[52]王云,李春华,等. 不同形状名茶制茶工艺对茶叶品质的影响[J]. 茶叶科学, 1997, 17（1）.

[53]谢峥嵘．茶白星病的病原特性及防治技术[J].贵州茶叶，2005，（2）.

附录1

茶园冬季封园技术

波尔多液是一种保护性杀菌剂，也称碱式硫酸铜，它以配制简单、原料易得、经济安全、效果显著、作用面广而经久不衰，100多年来一直为防治真菌、细菌病害的主要药剂之一。

1. 波尔多液的类型：根据配制波尔多液所用硫酸铜、石灰和水的比例不同而分为不同的类型。以硫酸铜用量为1，石灰用量的多少而分为半量式（1：0.5）、倍量式（1：2）、多量式（1：3~5）和等量式（1：1）。波尔多液的倍数表示硫酸铜和水的比例。如200倍半量式的波尔多液，其配合比例为硫酸铜：石灰：水=1：0.5：200，另外也有用百分比表示的，如0.5%半量式波尔多液的配合比例是硫酸铜：石灰：水=0.5：0.25：100。

2. 波尔多液的配制。目前最科学的配制方法是稀铜浓石灰法。用少量水将石灰配成浓石灰乳，用剩余的水溶解硫酸铜，然后将硫酸铜溶液缓慢注入石灰乳中，边倒边搅拌。这样配制的波尔多液呈天蓝色，略带黏性，悬浮性能好。

3. 使用方法：防治茶树云纹叶枯病、芽枯病、炭疽病、轮斑病、白星病等病害可使用0.6%~1%石灰半量式波尔多液，间隔期为15 天。

4. 配制和使用的注意事项：

（1）配制波尔多液宜选用块状生石灰、鲜蓝色硫酸铜，不能使用金属容器，尤其是铁器，配制好后不再加水稀释。

（2）波尔多液宜选择发病前或发病初期使用，使用效果才好。

（3）不能与酸性农药使用，也不能与石硫合剂、油类乳剂及有机磷农药等混用，但可与退菌特、硼砂、甲基对硫磷、乙基对酸磷、尼索朗混用，但需立即使用。

（4）喷施波尔多液宜选择晴天进行，阴雨天、雾天、早晨露水未干时使用易产生药害。

（5）波尔多液要现配现用。使用时加1%的白糖能显著减缓沉淀，增强悬浮性能。

（6）波尔多液的残效期为15~20 天，所以使用波尔多液后需隔15 天才能使用石硫合剂。如喷过石硫合剂后，也要间隔7~10 天才能使用波尔多液。

附录2

绿色和有机茶园病虫害防治允许和限制使用的物质

附录表2-1 可用于绿色茶园的农药及其使用方法

农药			主要防治对象	每667m²稀释倍数	每季最多使用次数	安全间隔期
通用名	商品名	剂型及含量				
阿维菌素	阿维菌素、害极灭、虫螨光等	1.8%乳油	叶蝉、螨类、黑刺粉虱、茶毛虫、茶尺蠖、蚜虫	2000~5000倍	1	14天
白僵菌	白僵菌	50~70亿孢子/g菌粉	扁刺蛾、茶毛虫、茶尺蠖	50~500倍	1	3天
波尔多液	波尔多液	0.6%~1%石灰半量式	云纹叶枯病、芽枯病、炭疽病、轮斑病、白星病		1	15天

茶毛虫病毒–Bt	茶毛虫病毒–Bt	PIB0.1亿/毫升、Bt4000亿/μl	茶毛虫	1000倍	3	
除虫菊素	天然除虫菊素	5%乳油	蚜虫、蓟马	1000～1500倍	2	
川楝素	苦楝素，疏果净，绿保威等	0.5%乳油、1.2%乳油、78%粉剂	云纹叶枯病、炭疽病、毒蛾、蓑蛾、茶毛虫、蚜虫、螨类、粉虱		2	
多抗霉素	多氧霉素、多效霉素等	1.5%可湿性粉剂	云纹叶枯病、茶饼病	200~1000倍	3	5~7 天
多杀霉素	菜喜、催杀	2.5%悬浮剂	蓟马	1000~1500倍	2	3 天
核型多角体病毒	核型多角体病毒	20亿PIB/毫升悬浮剂	毒蛾、蓑蛾、茶毛虫	800～1000倍	2	3 天
机油	机油乳剂	99%乳油	螨类、介壳虫、蚜虫	400~600倍	2	20 天
井冈霉素	井冈霉素	5%水剂	云纹叶枯病、轮斑病	2500~7500倍	3	7~15天
苦参碱	苦参素、苦参植物保护剂	0.3%水剂	叶蝉、螨类、茶毛虫、茶尺蠖	600~1000倍	3	7 天
矿物油	绿颖矿物油	99%乳油	螨类	100~150倍液	3	20 天
黎芦碱	黎芦碱	0.2%可溶性液剂	蚜虫、螨类、粉虱	800倍	2	
浏阳霉素	浏阳霉素、华秀绿、绿生	20%乳油	螨类	1000倍	2	7 天
硫黄	硫黄	45%悬浮剂	螨类	300~600倍	2	10 天
绿僵菌	金龟子绿僵菌	23~28亿活孢子/g粉剂	白蚁、茶毛虫、茶尺蠖	50~500倍	1	3 天
木霉菌	绿色木霉菌剂	有效活菌数≥10cfu/g粉剂	炭疽病、根结线虫、地下害虫	500~1000倍	3	3 天
石硫合剂	石硫合剂	30%粉剂、45%晶体	云纹叶枯病、炭疽病、轮斑病、芽枯病、螨类、介壳虫、黑刺粉虱、蓟马	100~300倍	2	15 天

苏云金杆菌	杀螟杆菌、BT	8000IU /毫克可湿性粉剂 16000IU/毫克可湿性粉剂	扁刺蛾、茶毛虫、茶尺蠖	300~400倍	3	
韦伯虫座孢菌	韦伯虫座孢菌	菌粉	黑刺粉虱	250倍	3	
小檗碱	小檗碱	0.2%可溶性液剂	云纹叶枯病、炭疽病、蚜虫、螨类、粉虱	1000倍	2	
印楝素	印楝素	0.3%乳油	叶蝉、蓟马	300~600倍	2	
鱼藤酮	鱼藤酮	2.5%乳油	茶毛虫、茶尺蠖	300~500倍	2	7~10天

附录表2-2　有机茶园病虫害防治允许和限制使用的物质及其使用条件

种类		名称	使用条件
生物源农药	微生物源农药	多抗霉素（多氧霉素）	限量使用
		浏阳霉素	限量使用
		井冈霉素	限量使用
		华光霉素	限量使用
		春蕾霉素	限量使用
		白僵菌	限量使用
		绿僵菌	限量使用
		木霉菌	限量使用
		苏云金杆菌	限量使用
		核型多角体病毒	限量使用
		颗粒体病毒	限量使用
	动物源农药	性信息素	限量使用
		寄生性天敌动物，如赤眼蜂，昆虫病原线虫	限量使用
		捕食性天敌动物，如瓢虫，捕食螨，天敌虫蜘蛛	限量使用
	植物源农药	苦参碱	限量使用
		烟碱	限量使用
		鱼藤酮	限量使用
		除虫菌素	限量使用
		小檗碱	限量使用
		黎芦碱	限量使用
		50%冬青·松节油乳油	限量使用

生物源农药	植物源农药	印楝素	限量使用
		苦楝	限量使用
		川楝素	限量使用
		植物油	限量使用
矿物源农药		石硫合剂	非生产季节使用
		硫悬浮剂	非生产季节使用
		可湿性硫	非生产季节使用
		硫酸铜	非生产季节使用
		石灰半量式波尔多液	非生产季节使用
		矿物油	允许使用
		石油乳油	允许使用
其他物质和方法		二氧化碳	允许使用
		明胶	允许使用
		糖醋	允许使用
		卵磷脂	允许使用
		蚁酸	允许使用
		软皂	允许使用
		热发消毒	允许使用
		机械诱捕	允许使用
		灯光诱捕	允许使用
		色板诱杀	限制使用
		漂白粉	限制使用
		生石灰	限制使用
		硅藻土	限制使用

附录3

有机茶园允许和限制使用的土壤培肥和改良物质

附录表3–1　有机茶园允许和限制使用的土壤培肥和改良物质

类别	名称	使用条件
有机农业体系生产的物质	农家肥	允许使用
	茶树修剪枝叶	允许使用
	绿肥	允许使用
非有机农业体系生产的物质	茶树修剪枝叶、绿肥和作物秸秆	限制使用
	农家肥（包括堆肥、沤肥、厩肥、沼气肥、家畜粪尿等）	限制使用
	饼肥（包括菜籽饼、豆籽饼、棉籽饼、芝麻饼、花生饼等）	未经化学方法加工的允许使用
	充分腐熟的人粪尿	只能用于浇施茶树根部，不能用作叶面肥
	未经化学处理木材产生的木料、树皮、锯屑、刨花、木灰和木炭等	限制使用
	海草及其用物理方法生产的产品	限制使用
	未掺杂防腐剂的动物血、肉、骨头和皮毛	限制使用

非有机农业体系生产的物质	不含合成添加剂的食品工业副产品	限制使用
	鱼粉、骨粉	限制使用
	不含合成添加剂的泥炭、褐炭、风化煤等含腐殖酸类的物质	允许使用
	经有机认证机构认证的有机茶专用肥	允许使用
矿物质	白云石粉、石灰石和白垩	用于严重酸化的土壤
	碱性炉渣	限制使用，只能用于严重酸化的土壤
	低氯钾矿粉	未经化学方法浓缩的允许使用
	微量元素	限制使用，只作叶面肥使用
	天然硫黄粉	允许使用
	镁矿粉	允许使用
	氯化钙、石膏	允许使用
	窑灰	限制使用，只能用于严重酸化的土壤
	磷矿粉	镉含量不大于90mg/kg的允许使用
	泻盐类（含水硫酸岩）	允许使用
	硼酸岩	允许使用
其他物质	非基因工程生产的微生物肥料（固氮菌、根瘤菌、磷细菌和硅酸盐细菌肥料等）	允许使用
	经农业部登记和有机认证的叶面肥	允许使用
	未污染的植物制品及其提取物	允许使用

彩图2-1：茶园园林化

彩图2-2：新建茶园园林化

彩图2-3：平整地面

彩图2-4：开沟施底肥——开沟

彩图2-5：开沟施底肥——铺稻草

彩图2-6：施底肥

彩图2-7：开种植沟

彩图2-8：蘸黄泥浆

彩图2-9： 布置茶苗

彩图2-10：茶苗移栽

彩图2-11： 压实

彩图2-12：浇定根水

彩图2-13：培土

彩图2-14：铺草

彩图2-15：幼龄茶园铺草

彩图2-16：第二次定型修剪

彩图2-17：第三次定型修剪

彩图2-18：轻修剪

彩图2-19：深修剪

彩图2-20：重修剪

彩图3-1：浅耕除草

彩图3-2：饲养蚯蚓

彩图3-3：茶园蚯蚓

彩图3-4：生物除草

彩图3-5：喷灌

彩图3-6：雾喷

彩图3-7：滴灌

彩图4-1：茶尺蠖成虫

彩图4-2：茶尺蠖为害状

彩图4-3：茶毛虫幼虫

彩图4-4：刺蛾

彩图4-5：茶刺蛾各形态特征图

彩图4-6：假眼小绿叶蝉成虫

彩图4-7：假眼小绿叶蝉若虫

彩图4-8：茶丽纹象甲成虫

彩图4-9：茶丽纹象甲为害状

彩图4-10：无翅成蚜

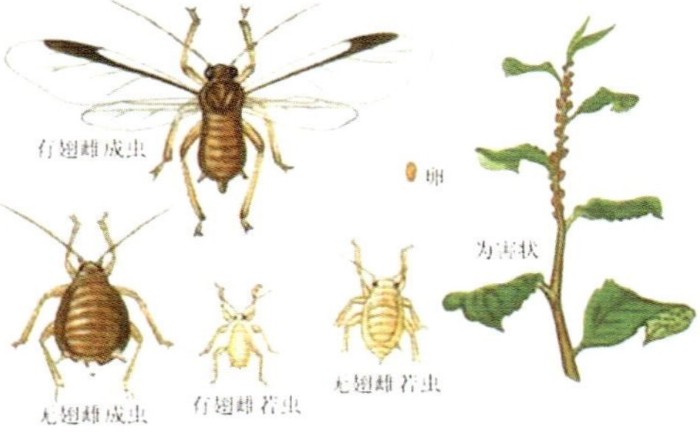

彩图4-11：茶蚜形态图

彩图4-12：茶蚜为害状

彩图4-13：茶橙瘿螨为害状

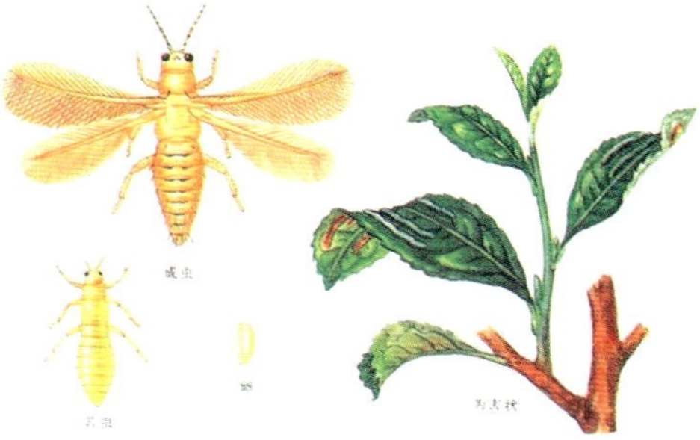

彩图4-14：茶黄蓟马形态图

彩图4-15：蓟马

彩图4-16：蓟马为害状

彩图4-17：茶炭疽病症状

彩图4-18：茶煤病症状

彩图4-19：茶芽枯病症状

彩图4-20：茶轮斑病症状